Amygdalus

"十三五"国家重点图书出版规划项目
"中国果树地方品种图志"丛书

中国桃
地方品种图志

曹尚银　谢深喜　卢晓鹏　倪　勇　等　著

中国林业出版社

"十三五"国家重点图书出版规划项目
"中国果树地方品种图志"丛书

Amygdalus

中国桃
地方品种图志

图书在版编目（CIP）数据

中国桃地方品种图志 / 曹尚银等著.—北京：中国林业出版
社, 2017.12
（中国果树地方品种图志丛书）

ISBN 978-7-5038-9398-8

Ⅰ. ①中… Ⅱ. ①曹… Ⅲ. ①桃—品种—中国—图集
Ⅳ. ①S662.102.92-64

中国版本图书馆CIP数据核字(2017)第302735号

责任编辑：何增明　张　华
出版发行：中国林业出版社（100009 北京西城区刘海胡同7号）
电　　话：010-83143517
印　　刷：固安县京平诚乾印刷有限公司
版　　次：2018年1月第1版
印　　次：2018年1月第1次印刷
开　　本：889mm×1194mm　1/16
印　　张：14.5
字　　数：440千字
定　　价：228.00元

《中国桃地方品种图志》
编委会

主著者： 曹尚银　谢深喜　卢晓鹏　倪　勇

副主著者： 唐超兰　刘　恋　曹秋芬　房经贵　李天忠　李好先　尹燕雷　钟　敏

著　者（以姓氏笔画为序）

卜海东	于　杰	于丽艳	于海忠	上官凌飞	马小川	马和平	马学文	马贯羊	马彩云
王　企	王　晨	王文战	王圣元	王亚芝	王亦学	王春梅	王胜男	王振亮	王爱德
王斯好	牛　娟	尹燕雷	邓　舒	卢明艳	卢晓鹏	冯立娟	兰彦平	纠松涛	曲　艺
曲雪艳	朱　博	朱　壹	朱旭东	刘　丽	刘　恋	刘　猛	刘少华	刘贝贝	刘伟婷
刘众杰	刘国成	刘佳梦	刘春生	刘科鹏	刘雪林	次仁朗杰	汤佳乐	孙　乾	孙其宝
纪迎琳	严　萧	李　锋	李天忠	李永清	李好先	李红莲	李贤良	李泽航	李帮明
李晓鹏	李章云	李馨玥	杨选文	杨雪梅	肖　蓉	吴　寒	吴传宝	邹梁峰	冷翔鹏
宋宏伟	张　川	张　懿	张久红	张子木	张文标	张伟兰	张全军	张冰冰	张克坤
张利超	张青林	张建华	张春芬	张俊畅	张艳波	张晓慧	张富红	张靖国	陈　璐
陈利娜	陈英照	陈佳琪	陈楚佳	苑兆和	范宏伟	罗正荣	罗东红	罗昌国	岳鹏涛
周　威	周厚成	郑　婷	郎彬彬	房经贵	孟玉平	赵弟广	赵艳莉	赵晨辉	郝　理
郝兆祥	胡清波	钟　敏	钟必凤	侯丽媛	俞飞飞	姜志强	姜春芽	骆　翔	秦　栋
秦英石	袁　晖	袁平丽	袁红霞	聂　琼	聂园军	贾海锋	夏小丛	夏鹏云	倪　勇
徐小彪	徐世彦	徐雅秀	高　洁	郭　磊	郭会芳	郭俊英	郭俊杰	唐超兰	涂贵庆
陶俊杰	黄　清	黄春辉	黄晓娇	黄燕辉	曹　达	曹尚银	曹秋芬	戚建锋	康林峰
梁　建	梁英海	葛翠莲	董文轩	董艳辉	敬　丹	韩伟亚	谢　敏	谢恩忠	谢深喜
廖　娇	廖光联	谭冬梅	熊　江	潘　斌	薛　辉	薛华柏	薛茂盛	霍俊伟	

总序一

　　果树是世界农产品三大支柱产业之一，其种质资源是进行新品种培育和基础理论研究的重要源头。果树的地方品种（农家品种）是在特定地区经过长期栽培和自然选择形成的，对所在地区的气候和生产条件具有较强的适应性，常存在特殊优异的性状基因，是果树种质资源的重要组成部分。

　　我国是世界上最为重要的果树起源中心之一，世界各国广泛栽培的梨、桃、核桃、枣、柿、猕猴桃、杏、板栗等落叶果树树种多源于我国。长期以来，人们习惯选择优异资源栽植于房前屋后，并世代相传，驯化产生了大量适应性强、类型丰富的地方特色品种。虽然我国果树育种专家利用不同地理环境和气候形成的地方品种种质资源，已改良培育了许多果树栽培品种，但迄今为止尚有大量地方品种资源包括部分农家珍稀果树资源未予充分利用。由于种种原因，许多珍贵的果树资源正在消失之中。

　　发达国家不但调查和收集本国原产果树树种的地方品种，还进入其他国家收集资源，如美国系统收集了乌兹别克斯坦的葡萄地方品种和野生资源。近年来，一些欠发达国家也已开始重视地方品种的调查和收集工作。如伊朗收集了872份石榴地方品种，土耳其收集了225份无花果、386份杏、123份扁桃、278份榛子和966份核桃地方品种。因此，调查、收集、保存和利用我国果树地方品种和种质资源对推动我国果树产业的发展有十分重要的战略意义。

　　中国农业科学院郑州果树研究所长期从事果树种质资源调查、收集和保存工作。在国家科技部科技基础性工作专项重点项目"我国优势产区落叶果树农家品种资源调查与收集"支持下，该所联合全国多家科研单位、大专院校的百余名科技人员，利用现代化的调查手段系统调查、收集、整理和保护了我国主要落叶果树地方品种资源（梨、核桃、桃、石榴、枣、山楂、柿、樱桃、杏、葡萄、苹果、猕猴桃、李、板栗），并建立了档案、数据库和信息共享服务体系。这项工作摸清了我国果树地方品种的家底，为全国性的果树地方品种鉴定评价、优良基因挖掘和种质创新利用奠定了坚实的基础。

　　正是基于这些长期系统研究所取得的创新性成果，郑州果树研究所组织撰写了"中国果树地方品种图志"丛书。全书内容丰富、系统性强、信息量大，调查数据翔实可靠。它的出版为我国果树科研工作者提供了一部高水平的专业性工具书，对推动我国果树遗传学研究和新品种选育等科技创新工作有非常重要的价值。

中国农业科学院副院长
中国工程院院士

2017年11月21日

总序二

中国是世界果树的原生中心，不仅是果树资源大国，同时也是果品生产大国，果树资源种类、果品的生产总量、栽培面积均居世界首位。中国对世界果树生产发展和品种改良做出了巨大贡献，但中国原生资源流失严重，未发挥果树资源丰富的优势与发展潜力，大宗果树的主栽品种多为国外品种，难以形成自主创新产品，国际竞争力差。中国已有4000多年的果树栽培历史，是果树起源最早、种类最多的国家之一，拥有世界总量3/5果树种质资源，世界上许多著名的栽培种，如白梨、花红、海棠果、桃、李、杏、梅、中国樱桃、山楂、板栗、枣、柿子、银杏、香榧、猕猴桃、荔枝、龙眼、枇杷、杨梅等许多树种原产于中国。原产中国的果树，经过长期的栽培选择，已形成了生态类型众多的地方品种，对当地自然或栽培环境具有较好的适应性。一般多为较混杂的群体，如发芽期、芽叶色泽和叶形均有多种变异，是系统育种的原始材料，不乏优良基因型，其中不少在生产中还在发挥着重要作用，主导当地的果树产业，为当地经济和农民收入做出了巨大贡献。

我国有些果树长期以来在生产上还应用的品种基本都是各地的地方品种（农家品种），虽然开始通过杂交育种选育果树新品种，但由于起步晚，加上果树童期和育种周期特别长，造成目前我国生产上应用的果树栽培品种不少仍是从农家品种改良而来，通过人工杂交获得的品种仅占一部分。而且，无论国内还是国外，现有杂交品种都是由少数几个祖先亲本繁衍下来的，遗传背景狭窄，继续在这个基因型稀少的池子中捞取到可资改良现有品种的优良基因资源，其可能性越来越小，这样的育种瓶颈也直接导致现有品种改良潜力低下。随着现代育种工作的深入，以及市场对果品表现出更为多样化的需求和对果实品质提出更高的要求，育种工作者越来越感觉到可利用的基因资源越来越少，品种创新需要挖掘更多更新的基因资源。野生资源由于果实经济性状普遍较差，很难在短期内对改良现有品种有大的作为；而农家品种则因其相对优异的果实性状和较好的适应性与抗逆性，成为可在短期内改良现有品种的宝贵资源。为此，我们还急需进一步加大力度重视果树农家品种的调查、收集、评价、分子鉴定、利用和种质创新。

"中国果树地方品种图志"丛书中的种质资源的收集与整理，是由中国农业科学院郑州果树研究所牵头，全国22个研究所和大学、100多个科技人员同时参与，首次对我国果树地方品种进行较全面、系统调查研究和总结，工作量大，内容翔实。该丛书的很多调查图片和品种性状资料来之不易，许多优异、濒危的果树地方品种资源多处于偏远的山区村庄，交通不便，需跋山涉水、历经艰难险阻才得以调查收集，多为首次发表，十分珍贵。全书图文并茂，科学性和可读性强。我相信，此书的出版必将对我国果树地方品种的研究和开发利用发挥重要作用。

中国工程院院士 束怀瑞

2017年10月25日

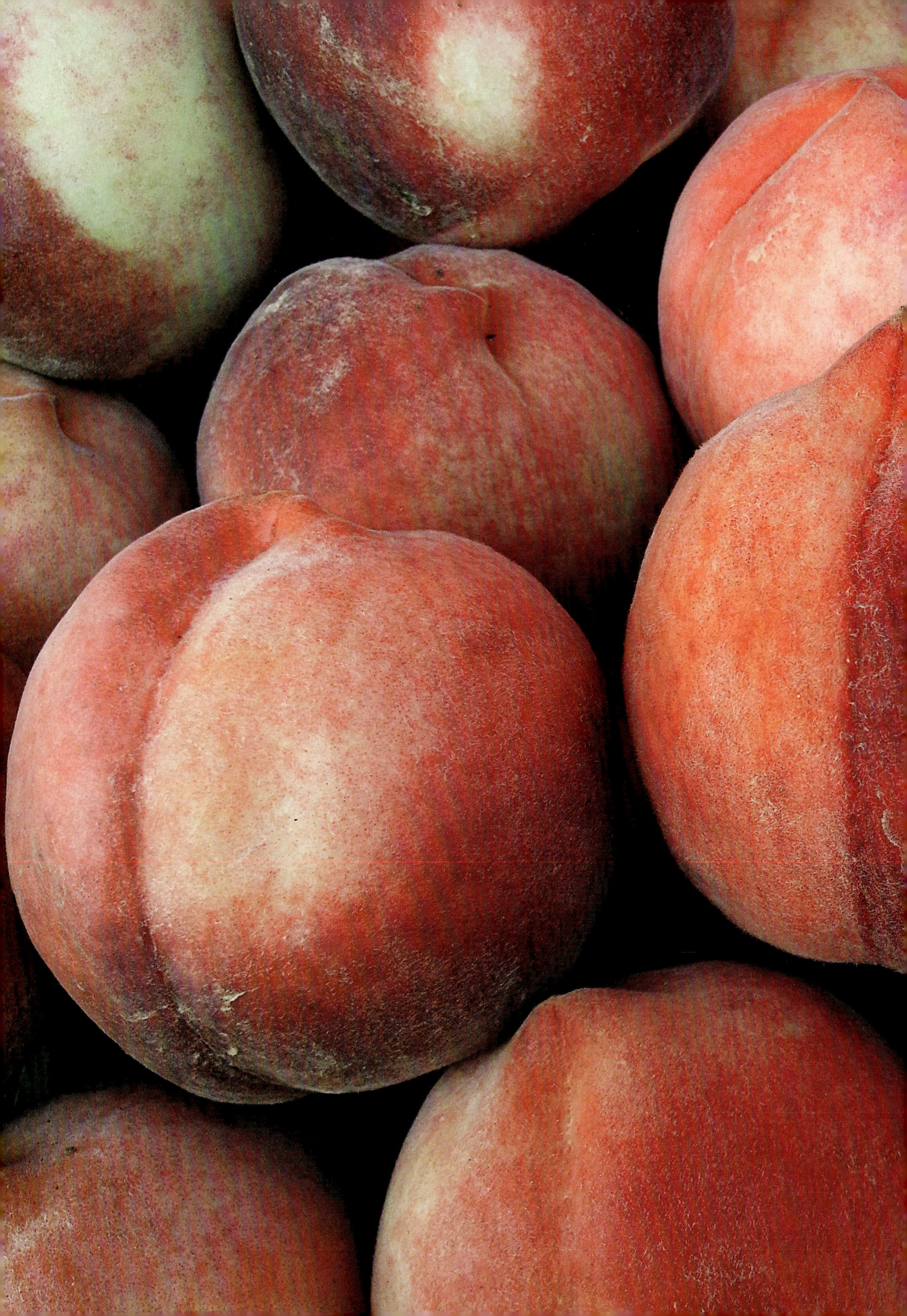

总 前 言

　　果树地方品种（农家品种）具有相对优异的果实性状和较好的适应性与抗逆性，是可在短期内改良现有品种的宝贵资源。"中国果树地方品种图志"丛书是在国家科技部科技基础性工作专项重点项目"我国优势产区落叶果树农家品种资源调查与收集"（项目编号：2012FY110100）的基础上凝练而成。该项目针对我国多年来对果树地方品种重视不够，致使果树地方品种的家底不清，甚至有的濒临灭绝，有的已经灭绝的严峻状况，由中国农业科学院郑州果树研究所牵头，联合全国多家具有丰富的果树种质资源收集保存和研究利用经验的科研单位和大专院校，对我国主要落叶果树地方品种（梨、核桃、桃、石榴、枣、山楂、柿、樱桃、杏、葡萄、苹果、猕猴桃、李、板栗）资源进行调查、收集、整理和保护，摸清主要落叶果树地方品种家底，建立档案、数据库和地方品种资源实物和信息共享服务体系，为地方品种资源保护、优良基因挖掘和利用奠定基础，为果树科研、生产和创新发展提供服务。

一、我国果树地方品种资源调查收集的重要性

　　我国地域辽阔，果树栽培历史悠久，是世界上最大的栽培果树植物起源中心之一，素有"园林之母"的美誉，原产果树种质资源十分丰富，世界各国广泛栽培的如梨、桃、核桃、枣、柿、猕猴桃、杏、板栗等落叶果树树种都起源于我国。此外，我国从世界各地引种果树的工作也早已开始。如葡萄和石榴的栽培种引入中国已有2000年以上历史。原产我国的果树资源在长期的人工选择和自然选择下形成了种类纷繁的、与特定地区生态环境条件相适应的生态类型和地方品种；而引入我国的果树材料通过长期的栽培选择和自然驯化选择，同样形成了许多适应我国自然条件的生态类型或地方品种。

　　我国果树地方品种资源种类繁多，不乏优良基因型，其中不少在生产中还在发挥着重要作用。比如'京白梨''莱阳梨''金川雪梨'；'无锡水蜜''肥城桃''深州蜜桃''上海水蜜'；'木纳格葡萄'；'沾化冬枣''临猗梨枣''泗洪大枣''灵宝大枣'；'仰韶杏''邹平水杏''德州大果杏''兰州大接杏''郯城杏梅'；'天目蜜李''绥棱红'；'崂山大樱桃''滕县大红樱桃''太和大紫樱桃''南京东塘樱桃'；山东的'镜面柿''四烘柿'，陕西的'牛心柿''磨盘柿'，河南的'八月黄柿'，广西的'恭城水柿'；河南的'河阴石榴'等许多地方品种在当地一直是主栽优势品种，其中的许多品种生产已经成为当地的主导农业产业，为发展当地经济和提高农民收入做出了巨大贡献。

　　还有一些地方果树品种向外迅速扩展，有的甚至逐步演变成全国性的品种，在原产地之外表现良好。比如河南的'新郑灰枣'、山西的'骏枣'和河北的'赞皇大枣'引入新疆后，结果性能、果实口感、品质、产量等表现均优于其在原产地的表现。尤其是出产于新疆的'灰枣'和'骏枣'，以其绝佳的口感和品质，在短短5~6年的时间内就风靡全国市场，其在新疆的种植面积也迅速发展逾3.11万hm²，成为当地名副其实的"摇钱树"。分布范围更广的当属'砀山酥梨'，以

其出色的鲜食品质、广泛的栽培适应性，从安徽砀山的地方性品种几十年时间迅速发展成为在全国梨生产量和面积中达到1/3的全国性品种。

　　果树地方品种演变至今有着悠久的历史，在漫长的演进过程中经历过各种恶劣的生态环境和毁灭性病虫害的选择压力，能生存下来并获得发展，决定了它们至少在其自然分布区具有良好的适应性和较为全面的抗性。绝大多数地方品种在当地栽培面积很小，其中大部分仅是散落农家院中和门前屋后，甚至不为人知，但这里面同样不乏可资推广的优良基因型；那些综合性状不够好、不具备直接推广和应用价值的地方品种，往往也潜藏着这样或那样的优异基因可供发掘利用。

　　自20世纪中叶开始，国内外果树生产开始推行良种化、规模化种植，大规模品种改良初期果树产业的产量和质量确实有了很大程度的提高；但时间一长，单一主栽品种下生物遗传多样性丧失，长期劣变积累的负面影响便显现出来。大面积推广的栽培品种因当地的气候条件发生变化或者出现新的病害受到毁灭性打击的情况在世界范围内并不鲜见，往往都是野生资源或地方品种扮演救火英雄的角色。

　　20世纪美国进行的美洲栗抗栗疫病育种的例子就是证明。栗疫病由东方传入欧美，1904年首次见于纽约动物园，结果几乎毁掉美国、加拿大全部的美洲栗，在其他一些国家也造成毁灭性的影响。对栗疫病敏感的还有欧洲栗、星毛栎和活栎。美国康涅狄格州农业试验站从1907年开始研究栗疫病，这个农业试验站用对栗疫病具有抗性的中国板栗和日本栗作为亲本与美洲栗杂交，从杂交后代中选出优良单株，然后再与中国板栗和日本栗回交。并将改良栗树移植进野生栗树林，使其与具有基因多样性的栗树自然种群融合，产生更高的抗病性，最终使美洲栗产业死而复生。

　　我国核桃育种的例子也很能说明问题。新疆核桃大多是实生地方品种，以其丰产性强、结果早、果个大、壳薄、味香、品质优良的特点享誉国内外，引入内地后，黑斑病、炭疽病、枝枯病等病害发生严重，而当地的华北核桃种群则很少染病，因此人们认识到华北核桃种群是我国核桃抗性育种的宝贵基因资源。通过杂交，华北核桃与新疆核桃的后代在发病程度上有所减轻，部分植株表现出了较强的抗性。此外，我国从铁核桃和普通核桃的种间杂种中选育出的核桃新品种，综合了铁核桃和普通核桃的优点，既耐寒冷霜冻，又弥补了普通核桃在南方高温多湿环境下易衰老、多病虫害的缺陷。

　　'火把梨'是云南的地方品种，广泛分布于云南各地，呈零散栽培状态，果皮色泽鲜红艳丽，外观漂亮，成熟时云南多地农贸市场均有挑担零售，亦有加工成果脯。中国农业科学院郑州果树研究所1989年开始选用日本栽培良种'幸水梨'与'火把梨'杂交，育成了品质优良的'满天红''美人酥'和'红酥脆'三个红色梨新品种，在全国推广发展很快，取得了巨大的社会、经济效益，掀起了国内红色梨产业发展新潮，获得了国际林产品金奖、全国农牧渔业丰收奖二等奖和中国农业科学院科技成果一等奖。

　　富士系苹果引入中国，很快在各苹果主产区形成了面积和产量优势。但在辽宁仅限于年平均气温10℃，1月平均气温-10℃线以南地区栽培。辽宁中北部地区扩展到中国北方几省区尽管日照充足、昼夜温差大、光热资源丰富，但1月平均气温低，富士苹果易出现生理性冻害造成抽条，无法栽培。沈阳农业大学利用抗寒性强、大果、肉质酸酥、耐贮运的地方品种'东光'与'富士'进行杂交，杂交实生苗自然露地越冬，以经受冻害淘汰，顺利选育出了适合寒地栽培的苹果品种'寒富'。'寒富'苹果1999年被国家科技部列入全国农业重点开发推广项目，到目前为止已经在内蒙古南部、吉林珲春、黑龙江宁安、河北张家口、甘肃张掖、新疆玛纳斯和西藏林芝等地广泛栽培。

　　地方品种虽然重要，但目前许多果树地方品种的处境却并不让人乐观！我们在上马优良新品种和外引品种的同时，没有处理好当地地方品种的种质保存问题，许多地方品种因为不适应商业化的要求生存空间被挤占。如20世纪80年代巨峰系葡萄品种和21世纪初'红地球'葡萄的大面积推广，造成我国葡萄地方品种的数量和栽培面积都在迅速下降，甚至部分地方品种在生产上的消失。20世纪80年代我国新疆地区大约分布有80个地方品种或品系，而到了21世纪只有不到30个地方品种还能在生产上见到，有超过一半的地方品种在生产上消失，同样在山西省清徐县曾广泛分布的古老品种'瓶儿'，现在也只能在个别品种园中见到。

加上目前中国正处于经济快速发展时期，城镇化进程加快，因为城镇发展占地、修路、环境恶化等原因，许多果树地方品种正在飞速流失，亟待保护。以山西省的情况为例：山西有山楂地方品种'泽州红''绛县粉口''大果山楂''安泽红果'等10余个，近年来逐年减少；有板栗地方品种10余个，已经灭绝或濒临灭绝；有柿子地方品种近70个，目前60%已灭绝；有桃地方品种30余个，目前90%已经灭绝；有杏地方品种70余个，目前60%已灭绝，其余濒临灭绝；有核桃地方品种60余个，目前有的已灭绝，有的濒临灭绝，有的品种名称混乱；有2个石榴地方品种，其中1个濒临灭绝！

又如，甘肃省果树资源流失非常严重。据2008年初步调查，发现5个树种的103个地方果树珍稀品种资源濒临流失，研究人员采集有限枝条，以高接方式进行了抢救性保护；7个树种的70个地方果树品种已经灭绝，其中梨48个、桃6个、李4个、核桃3个、杏3个、苹果4个、苹果砧木2个，占原《甘肃果树志》记录品种数的4.0%。对照《甘肃果树志》（1995年），未发现或已流失的70个品种资源主要分布在以下区域：河西走廊灌溉果树区未发现或已灭绝的种质资源6个（梨品种2个、苹果品种4个）；陇西南冷凉阴湿果树区未发现或灭绝资源10个（梨资源7个、核桃资源3个）；陇南山地果树区未发现或流失资源20个（梨资源14个、桃资源4个、李资源2个）；陇东黄土高原果树区未发现或流失资源25个（梨品种16个、苹果砧木2个、杏品种3个、桃品种2个、李品种2个）；陇中黄土高原丘陵果树区未发现或已流失的资源9个，均为梨资源。

随着果树栽培良种化、商品化发展，虽然对提高果品生产效益发挥了重要作用，但地方品种流失也日趋严重，主要表现在以下几个方面：

1. 城镇化进程的加快，随着传统特色产业地位的丧失，地方品种逐渐减少

近年来，随着城镇化进程的加快，以前的郊区已经变成了城市，以前的果园已经难寻踪迹，使很多地方果树品种随着现代城市的建设而丢失，或正面临丢失。例如，甘肃省兰州市安宁区曾经是我国桃的优势产区，但随着城镇化的建设和发展，桃树栽培面积不到20世纪80年代的1/5，在桃园大面积减少的同时，地方品种也大幅度流失。兰州'软儿梨'也是一个古老的品种，但由于城镇化进程的加快，许多百年以上的大树被砍伐，也面临品种流失的威胁。

2. 果树良种化、商品化发展，加快了地方品种的流失

随着果树栽培良种化、商品化发展，提高了果品生产的经济效益和果农发展果树的积极性，但对地方品种的保护和延续造成了极大的伤害，导致了一些地方品种逐渐流失。一方面是新建果园的统一规划设计，把一部分自然分布的地方品种淘汰了；另一方面，由于新品种具有相对较好的外观品质，以前农户房前屋后栽植的地方品种，逐渐被新品种替代，使很多地方品种面临灭绝流失的威胁。

3. 国家对果树地方品种的保护宣传力度和配套措施不够

依靠广大农民群众是保护地方品种种质资源的基础。由于国家对地方品种种质资源的重要性和保护意义宣传力度不够，农民对地方品种保护的认知不到位，导致很多地方品种在生产和生活中不经意地流失了。同时，地方相关行政和业务部门，对地方品种的保护、监管、标示力度不够，没有体现出地方品种资源的法律地位，导致很多地方品种濒临灭绝和正在灭绝。

发达国家对各类生物遗传资源（包括果树）的收集、研究和利用工作极为重视。发达国家在对本国生物遗传资源大力保护的同时，还不断从发展中国家大肆收集、掠夺生物遗传资源。美国和前苏联都曾进行过系统地国外考察，广泛收集外国的植物种质资源。我国是世界上生物遗传资源最丰富的国家之一，也是发达国家获取生物遗传资源的重要地区，其中最为典型的案例当属我国大豆资源（美国农业部的编号为PI407305）流失海外，被孟山都公司研究利用，并申请专利的事件。果树上我国的猕猴桃资源流失到新西兰后被成功开发利用，至今仍然有大量的国外公司组织或个人到我国的猕猴桃原产地大肆收集猕猴桃地方品种资源和野生资源。甚至连绝大多数外国人现在都还不甚了解的我国特色果树——枣的资源也已经通过非正常途径大量流失到了国外！若不及时进行系统的调查摸底和保护，那种"种中国豆，侵美国权"的荒诞悲剧极有可能在果树上重演！

综上所述，我国果树地方品种是具有许多优异性状的资源宝库，目前正以我们无法想象的速度消失或流失；应该立即投入更多的力量，进行资源调查、收集和保护，把我们自己的家底摸清楚，真正发挥我国果树种质资源大国的优势。那些可能由于建设或因环境条件恶化而在野外生存受到威胁的果树地方品种，不能在需要抢救时才引起注意，而应该及早予以调查、收集、保存。要对我国落叶果树地方品种进行调查、收集和保存，有多种策略和方法，最直接、最有效的办法就是对优势产区进行重点调查和收集。

二、调查收集的方式、方法

按照各树种资源调查、收集、保存工作的现状，重点调查资源工作基础薄弱的树种（石榴、樱桃、核桃、板栗、山楂、柿），对已经具有较好资源工作基础和成果的树种（梨、桃、苹果、葡萄）做补充调查。根据各树种的起源地、自然分布区和历史栽培区确定优势产区进行调查，各树种重点调查区域见本书附录一。各省（自治区、直辖市）主要调查树种见本书附录二。

通过收集网络信息、查阅文献资料等途径，从文字信息上掌握我国主要落叶果树优势产区的地域分布，确定今后科学调查的区域和范围，做好前期的案头准备工作。

实地走访主要落叶果树种植地区，科学调查主要落叶果树的优势产区区域分布、历史演变、栽培面积、地方品种的种类和数量、产业利用状况和生存现状等情况，最终形成一套系统的相关科学调查分析报告。

对我国优势产区落叶果树地方品种资源分布区域进行原生境实地调查和GPS定位等，评价原生境生存现状，调查相关植物学性状、生态适应性、栽培性能和果实品质等主要农艺性状（文字、特征数据和图片），对优良地方品种资源进行初步评价、收集和保存。

对叶、枝、花、果等性状按各种资源调查表格进行记载，并制作浸渍或腊叶标本。根据需要对果实进行果品成分的分析。

加强对主要生态区具有丰产、优质、抗逆等主要性状资源的收集保存。注重地方品种优良变异株系的收集保存。

主要针对恶劣环境条件下的地方品种，注重对工矿区、城乡结合部、旧城区等地濒危和可能灭绝地方品种资源的收集保存。

收集的地方品种先集中到资源圃进行初步观察和评估，鉴别"同名异物"和"同物异名"现象。着重对同一地方品种的不同类型（可能为同一遗传型的环境表型）进行观察，并用有关仪器进行简化基因组扫描分析，若确定为同一遗传型则合并保存。对不同的遗传型则建立其分子身份鉴别标记信息。

已有国家资源圃的树种，收集到的地方品种入相应树种国家种质资源圃保存，同时在郑州、随州地区建立国家主要落叶果树地方品种资源圃，用于集中收集、保存和评价有关落叶果树地方品种资源，以确保收集到的果树地方品种资源得到有效的保护。郑州和随州地处我国中部地区，中原之腹地，南北交汇处，既无北方之严寒，又无南方之酷热。因此，非常适宜我国南北各地主要落叶果树树种种质资源的生长发育，有利于品种资源的收集、保存和评价。

利用中国农业科学院郑州果树研究所优势产区落叶果树树种资源圃保存的主要落叶果树树种

地方品种资源和实地科学调查收集的数据，建立我国主要落叶果树优良地方品种资源的基本信息数据库，包括地理信息、主要特征数据及图片，特别是要加强图像信息的采集量，以区别于传统的单纯文字描述，对性状描述更加形象、客观和准确。

对我国优势产区落叶果树优良地方品种资源进行一次全面系统梳理和总结，摸清家底。根据前期积累的数据和建立的数据库（http://www.ganguo.net.cn），开发我国主要落叶果树优良地方品种资源的GIS信息管理系统。并将相关数据上传国家农作物种质资源平台（http://www.cgris.net），实现果树地方品种资源信息的网络共享。

工作路线见本书附录三。工作流程见本书附录四。要按规范填写调查表。调查表包括：农家品种摸底调查表、农家品种申报表、农家品种资源野外调查简表、各类树种农家品种调查表、农家品种数据采集电子表、农家品种调查表文字信息采集填写规范。农家品种标本、照片采集按规范填写"农家品种资源标本采集要求"表格和"农家品种资源调查照片采集要求"表格。调查材料提交也须遵照规范。编号采用唯一性流水线号，即：子专题（片区）负责人姓全拼+名拼音首字母+采集者姓名拼音首字母+流水号数字。

本次参加调查收集研究有22个单位，分布在我国西南、华南、华东、华中、华北、西北、东北地区，每个单位除参加过全国性资源考察外，他们都熟悉当地的人文地理、自然资源，都对当地的主要落叶果树资源了解比较多，对我们开展主要落叶果树地方品种调查非常有利，而且可以高效、准确地完成项目任务。其中包括2个农业部直属单位、4个教育部直属大学（含2所985高校）、10个省属研究所和大学，100多名科技人员参加调查，科研基础和实力雄厚，参加单位大多从事地方品种相关的调查、利用和研究工作，对本项目的实施相当熟悉。还有的团队为了获得石榴最原始的地方品种材料，尽管当地有关专业部门说，近期雨季不能到有石榴地方品种的地区调查，路险江深，有生命危险，可他们还是冒着生命危险，勇闯交通困难的西藏东南部三江流域少人区调查，获得了可贵的地方品种资源。

通过5年多的辛勤调查、收集、保存和评价利用工作，在承担单位前期工作的基础上，截至2017年，共收集到核桃、石榴、猕猴桃、枣、柿子、梨、桃、苹果、葡萄、樱桃、李、杏、板栗、山楂等14个树种共1700余份地方品种。并积极将这些地方品种资源应用于新品种选育工作，获得了一批在市场上能叫得响的品种，如利用河南当地的地方品种'小火罐柿'选育的极丰产优质小果型柿品种'中农红灯笼柿'，以其丰产、优质、形似红灯笼、口感极佳的特色，迅速获得消费者的认可，并获得河南省科技厅科技进步一等奖和河南省人民政府科技进步二等奖。

"中国果树地方品种图志"丛书被列为"十三五"国家重点出版物规划项目。成书过程中，在中国农业科学院郑州果树研究所、湖南农业大学等22个单位和中国林业出版社的共同努力和大力支持下，先后于2017年5月在河南郑州、2017年10月25日至11月5日在湖南长沙、11月17～19日在河南郑州召开了丛书组稿会、统稿会和定稿会，对书稿内容进行了充分把关和进一步提升。在上述国家科技部基础性工作专项重点项目启动和执行过程中，还得到了该项目专家组束怀瑞院士（组长）、刘凤之研究员（副组长）、戴洪义教授、于泽源教授、冯建灿教授、滕元文教授、卢春生研究员、刘崇怀研究员、毛永民教授的指导和帮助，在此一并表示感谢！

曹尚银

2017年11月17日于河南郑州

前言

Preface

《中国桃地方品种图志》是由中国农业科学院郑州果树研究所牵头，中国农业大学、山西省农业科学院生物技术研究中心、山东省果树研究所和南京农业大学共同主持，由河南省开封市农林科学研究院、西藏农牧学院、华中农业大学、湖南农业大学、沈阳农业大学、北京市农林科学院农业综合发展研究所、吉林省农业科学院果树研究所、四川省农业科学院园艺研究所、贵州省农业科学院果树科学研究所、安徽省农业科学院、江西农业大学、陕西省农业科学院果树研究所、新疆农业科学院吐鲁番农业科学研究所和西安市果业技术推广中心等单位参加，组织全国100多位专家合作撰写而成。

自2012年5月启动国家科技基础性工作专项重点项目"我国优势产区落叶果树农家品种资源调查与收集"以来，中国农业科学院郑州果树研究所作为主持单位在全国范围内开展了桃地方品种资源的广泛调查和重点收集工作，特别是在桃的传统栽培区域，开展了长期的、多次的地方品种收集和植物学性状调查和数据采集，经过努力工作，终于取得了一大批特异的、濒临消失的桃果树种质材料。

2016年1月，我们启动了《中国桃地方品种图志》的撰写工作。组织有关人员，起草编写大纲，整理、收集品种资源调查资料和补充图片，并开始着手撰写部分内容。2016年5月经与中国林业出版社商议后，建议在此基础上编写"中国果树地方品种图志"丛书，而后将《中国桃地方品种图志》作为丛书中的一册。2016年7月继续整理收集各片区调查数据和照片，撰写《中国桃地方品种图志》的初稿，经整理后共收录桃地方品种83份。2017年6月，中国农业科学院郑州果树研究所联合中国林业出版社，会同中国农业大学、山西省农业科学院生物技术研究中心、山东省果树研究所和南京农业大学等单位在河南省郑州市召开了《中国桃地方品种图志》第一次撰写工作会，来自全国各地的20余位专家、学者参加会议，研究、讨论、确定了《中国桃地方品种图志》撰写大纲，明确了撰写格式、撰写任务、撰写时间和具体分工。最后，由曹尚银同志根据书稿情况，邀请有关专家审定并最终定稿。

《中国桃地方品种图志》是首次对中国桃地方品种种质资源进行的比较全面、系统调查研究的阶段性总结，为研究桃的区域分布、品种类别及特异资源的开发利用提供了较完整的资料，将对促进我国桃产业发展和科学研究产生重要的作用。本书的写作内容重点放在桃地方品种种质资源上，也就是品种资源的调查地点、生境信息、植物学信息和品种评价的描述。总体工作思路如下：①在果树生长季节，每年进行4次野外调查，分别采集桃的叶、花、果等数据和照片，以及当地的物候期数据；②将全国分为东部、西部、南部、北部、中部5个片区，每个片区配备一个调查组，每组至少15人；③各调查组查阅有关资料、走访当地有关部门，确定调查的县、乡、村、农户，进行调查；④组建专家组，对各片区提出的疑难地区进行针对性调查。

本卷共分为两个部分，第一部分为总论，主要阐述桃地方品种收集的重要性、区域分布特点、产业发展现状、调查方法、调查成果和种质资源的鉴定分析；第二部分为各论，主要对收集的地方品种的具体信息进行描述，包括调查人、提供人、调查地点、经纬度信息、样本类型、生境信息、植物学信息和品种评价，并配置相应品种的生境、单株、花、果、叶的高清晰度照片，该书所配照片在总论中都一一标注拍摄人姓名，各论里照片都是各片区调查人拍照，由于人数较多，就不一一列出。开展工作时采用了分片区调查的方式，各片区所辖的范围如下：东部片区辖山东、上海、浙江、安徽、福建、江西等省（直辖市），西部片区辖山西、陕西、甘肃、青海、宁夏、新疆等省（自治区），南部片区辖江苏、广东、广西、重庆、贵州、云南、四川等省（自治区、直辖市），北部片区辖河北、北京、辽宁、吉林、黑龙江、内蒙古等省（自治区、直辖市），中部片区辖河南、湖北、湖南、西藏等省（自治区）。本书收录的桃地方品种（类型）的形态特征及经济性状，可为生产利用提供参考，对桃地方品种保护、产业发展、桃科学研究具有深远影响。

中国工程院院士、山东农业大学束怀瑞教授对本书撰写工作给予了热情关怀和悉心指导；中国农业科学院郑州果树研究所、中国林业出版社给予了多方促进和大力支持；本书出版得到国家科技基础性工作专项重点项目"我国优势产区落叶果树农家品种资源调查与收集"、国家出版基金的大力资助。在此一并表示深深的谢意。

由于著者水平和掌握资料有限，本书有遗漏和不足之处敬请读者及专家给予指正，以便日后补充修订。

著者

2017年7月

目录

Contents

中国桃地方品种图志

总论

第一节
桃的起源、分类及发展概况

桃（*Amygdalus persica* L.）为蔷薇科（Rosaceae）李亚科（Prunoideae）桃属（*Amygdalus* L.）植物，为多年生落叶果树（李绍华，2013）。桃自古以来就是人们喜爱的水果之一，民间神话传说称之为"仙桃"，认为食之有延年益寿之效，故又称之为"寿桃"，是一种象征健康长寿的果实。桃不仅汁多味美，色泽艳丽，芳香诱人，具有独特的风味，且果实营养丰富，每100g桃果实的可食部分中，能量为117.2～177.7kJ，约含蛋白质0.8g、脂肪0.1g、各种糖类10.7g、钙8mg、磷20mg、铁10mg、维生素A（胡萝卜素）60mg、维生素B$_1$30mg、维生素B$_2$20mg、维生素C6mg、烟酸0.7mg，另含多种维生素、苹果酸和柠檬酸等。桃果肉中蛋白质含量仅次于香蕉、桂圆，此外桃果肉还含有人体不能合成的多种必需氨基酸，这些营养成分具有较高的营养保健价值，对人体有良好的保健作用。桃仁中含油较高，可榨取工业用油。

桃的品种类型多种多样，有油桃（图1～图7）、毛桃（图8～图10）、白桃（图11）、黄桃（图12）、蟠桃（图13～图15）、水蜜桃（图16～图19）等，其中蟠桃果味最浓。桃除鲜食外，还可制成桃肉罐头、蜜饯、桃干（图20）、桃酱、桃汁、果酒等多种食品，能有效丰富人们的食品种类。

桃的甜味主要来源于桃肉中的蔗糖成分，桃果肉中的矿物质含量相对较少，但是果胶含量较高，已知果胶具有润肠和辅助治疗糖尿病的作用。桃胶经提炼还可替代阿拉伯树胶用于颜料、塑料、医学等工业用图。

将桃作为中药使用是由于其蓓蕾中含有配糖体，对于利尿或缓解便秘颇具效果。据中国的若干药书记载，桃全身皆可入药，桃肉性热而味甘酸，有补中益气、补心、生津、解渴、消积、润肠、解劳热之功效，为"肺之果"，适宜于低血糖、肺病、虚劳喘嗽之人作为辅助食疗之物。碧桃（未成熟的小干桃）与茶叶同浸共泡作为饮品，有敛汗、止血之功，可治疗阴虚盗汗和咳血等症。桃仁有祛瘀血、润燥滑肠、镇咳之功，可治疗瘀血停滞、闭经腹痛、高血压和便秘等疾病。但桃仁有毒，只可药用，不能生食，不可多食。桃花有消肿、利尿之效，可用于治疗浮肿腹水、大便干结、小便不利和脚气足肿。桃胶炼制后服用，可保中不饥、忍风寒、破血、治中恶痋忤、和血益气、治下痢、止痛。

此外，桃树姿态优美，花形漂亮，色彩明丽，一般是先开花后展叶，花色粉红至玫红（图21～图23），叶色翠绿，果形美观，是理想的庭院观赏和园林绿化植物，可用于园林造景和城市绿化，美化环境。

桃作为经济栽培果树，速生性强，具有生长快、结果早的优点。桃适应性强，易栽培，除了一些严寒酷暑的地带，中国的南北各地都有适宜栽培的品种。桃投产较快，盛果期早，早期收益比较高。只要管理得当，较易获得丰产，即使管理比较粗放也会有一定的收成。但是桃的寿命短，一般20～30年便逐渐衰老。桃果实不耐贮运，桃树忌积水、忌连作，树体喜光怕阴，这些特性在栽培上需要注意。

我国桃产品在国际市场上竞争仍具优势，在亚洲除我国及日本、韩国、中西亚部分国家有桃栽培外，其余国家基本不适于栽培桃树，桃产品来源主要依靠从国外进口。近几年来，日本桃产量不稳定且呈下降趋势，而韩国栽培面积逐年减少，美国和欧洲国家培育的油桃风味较酸，不适合我国及东南亚地区以甜味为主的消费习惯。由于受风味所限，多数亚洲国家市场都难以接受直接从欧美进口鲜桃，这就为我国优质桃出口提供了很好的机遇。因此，积极挖掘种质资源，培育优良品种，生产优质桃，具有重大意义。

图1 油桃（徐小彪 供图）

图2 油桃（徐小彪 供图）

图3 水果市场的油桃（徐小彪 供图）

图4 油桃（徐小彪 供图）

图5 油桃结果状（徐小彪 供图）

图6 油桃结果套袋（徐小彪 供图）

图7 油桃商品（徐小彪 供图）

图8 毛桃（徐小彪 供图）

图9 毛桃果盘（徐小彪 供图）

图10 毛桃结果状（徐小彪 供图）

图11 白桃（曹秋芬 供图）

图12 黄桃（徐小彪 供图）

图13 蟠桃（徐小彪 供图）

图14 蟠桃结果枝（徐小彪 供图）

图15 商场售卖的蟠桃（徐小彪 供图）

图16 水蜜桃商品包装（徐小彪 供图）

图17 水蜜桃（徐小彪 供图）

图18 水蜜桃（徐小彪 供图）

图19 水蜜桃（徐小彪 供图）

图20 黄桃果干（唐超兰 供图）

图21 桃花枝（李好先 供图）

图22 粉红色桃花（周嘉 供图）

图23 玫红色桃花（周嘉 供图）

世界桃属植物的主要栽培种都原产于我国，其中桃也是中国最古老的树种之一，桃起源于中国西部地区。桃的栽培历史悠久，分布范围广泛，主要是随着人类文化和经济交流逐渐扩展到欧洲乃至世界各地。桃树对我国的生态环境有广泛的适应性，其地理分布几乎遍及全国。

一 桃的起源与传播

桃是蔷薇科李亚科桃属植物，原产于我国陕西省、甘肃省、西藏自治区等黄河上游海拔1200～2000m的高原地带，是我国最古老的树种之一。桃起源于我国最重要的植物地理学证据之一是我国各地分布有大量的野生桃树，河南省南部、黄河及长江分水岭、云南省西部都有野生桃的存在，尤其是我国华北和西北的甘肃省和陕西省至今还分布着大量的野生桃树。主要种类包括山桃（*A. davidiana*）、甘肃桃（*A. kansuensis*）、新疆桃（*A. ferganesis*）。在我国西南的四川省和西藏自治区则分布着'光核桃'（又称'西藏桃'）等。

罗桂环（2001）曾在甘肃省天水秦岭西端的小陇山采集过甘肃桃的标本，其外形与栽培种极为相似。俞德浚曾指出栽培桃和甘肃桃的差别在于甘肃桃的冬芽无毛。山桃的野生种也分布在甘南的岷山山地。通过这些情况分析，罗桂环推测桃应该是起源于我国西北的甘肃省和陕西省等地。

桃在中国分布极广，北起吉林省，南到广东省，西自新疆维吾尔自治区、西藏自治区，东至沿海各省和台湾省都有桃的栽培。我国桃产区主要有西北、华东、华北、西南、东北五个产区；华东桃产区以南方品种群为主；西北和华北桃产区几乎所有的品种群都有栽培；南方桃产区更适合发展早、中熟品种；而北方桃产区发展中、晚熟品种具有优势；西北的陕甘桃产区发展早、中、晚熟品种都有优势，同时也是发展桃的重点区域。主产区有甘肃省的宁县，宁夏回族自治区的灵武市，辽宁省的大连市，河北省的深州市，河南省的周口市、郑州市，山东省的肥城市、临沂市，江苏省的连云港市、南通市、无锡市，浙江省的奉化市、金华市以及北京市、上海市等地。

桃的栽培历史悠久，我国栽培桃树已有3000年以上。考古发现在距今8000～9000年的湖南省常德市临澧县胡家屋场、7000年前浙江省余姚市河姆渡新石器时代遗址以及江苏省南通市海安县青墩村、河南省新郑市峨沟北岗新石器遗址都出土过桃核，证明早在7000～8000年前，我们的祖先已经采食桃的果实充饥。

在我国《诗经》《尔雅》《说文解字》等古书中都对桃有所记载，其中《诗经·魏风·园有桃》中写到"园有桃，其实之殽"，说明当时魏国已有桃的栽培；另一篇《诗经·周南·桃夭》又写到"桃之夭夭，灼灼其华；桃之夭夭，有蕡其实；桃之夭夭，其叶蓁蓁"，生动形象地描绘了桃的花、果、叶，表明当时桃已经广泛存在人们日常生活中；在《诗经·召南》中有"何彼秾矣，华如桃李"，说明当时观赏桃花成为一件乐事；《卫风》中有"投我以木桃，报之以琼瑶"，《诗·大雅·抑》中则有"投我以桃，报之以李"，后简写为成语"投桃报李"，表明当时人们将桃李作为可以馈赠的珍贵礼物。《齐民要术》和《西京杂记》中已有桃的品种、繁殖、栽培技术等的记述。

桃在我国春秋时期就是深受人们喜爱的一种水

果，《韩非子·外储说左下》提到："孔子御坐，于鲁哀公，哀公赐之桃与黍。"书中还记载，桃是当时六种主要瓜果之一。不仅如此，根据《韩非子·外储说》和《吕氏春秋》等书记载，桃是当时用于美化环境的重要树木种类之一。

大约在汉武帝时期，桃通过"丝绸之路"由甘肃省经新疆维吾尔自治区沿中亚细亚传到波斯（今伊朗），其后又传到亚美尼亚，继而引种到希腊、罗马、法国、西班牙和葡萄牙等地中海沿岸国家，成为桃的早期扩散地。桃的拉丁名Persica就起源于波斯。法国是从意大利引入，到17世纪初记载有12个品种；英国是在13世纪前半叶从法国引入，到1629年已记载有桃和油桃品种21个；德国、比利时、荷兰等国在13世纪也从法国引入栽培，7世纪后，欧洲桃的生产已有了较大的发展。西班牙在11世纪左右直接从波斯和小亚细亚引入桃树栽培，现已形成具有特殊生态型的西班牙品种群。1530年，西班牙人将桃带到美国北部，进而传播到更广泛的地区栽培，美国20世纪初开始进行品种选育工作，至今已育出许多优良的品种。在亚洲，印度的桃在公元647年从中国引入，日本桃也是从中国引入。公元1272年，日本岗山县园艺场从中国引入'上海水蜜'和'天津蜜桃'，1878年开始品种选育工作（郭金英，2002）。美国、日本等国家桃产业发展迅速，品种多样。1850年美国从中国引入'上海水蜜'后才开始有了桃的发展，通过选种、育种等手段发展成现在桃品种最多的国家之一。日本从中国、欧美等地引入水蜜桃、油桃等，结合选育许多个桃品种。

桃在中国的传播，左覃元认为：光核桃为桃的原始种，原产西藏自治区、云南省的西北部，四川省的西部，此地区为桃各个种的起源中心，从起源中心又逐渐演化成普通桃，普通桃的次生起源中心在甘肃省、陕西省，并由此向全国各地传播，传播路线：①向西北传播到新疆维吾尔自治区，形成了新疆桃品种群。②传播到甘肃省、陕西省、宁夏回族自治区、内蒙古自治区的温暖地区，以及河北省、辽宁省山地，形成华北生态型品种群。③向东传播到江苏省、浙江省沿长江流域各省形成华中生态型品种群，再向南传播形成短低温需求的品种类型。

汪祖华（1990）经过对桃不同品种叶柄和花药的过氧化酶及儿茶化酶同工酶分析，推测桃的演化途径为普通桃→梗肉桃→蜜桃→水蜜桃；而蟠桃、油桃系由桃各种群突变演化而成，设想以果实特征为标准将桃分成六个品种群：硬肉桃品种群、蜜桃品种群、水蜜桃品种群、蟠桃品种群、油桃品种群及黄桃品种群。

郭振怀等（1996），通过对桃属植物中的甘肃桃、山桃、新疆桃、普通桃种间的染色体核型分析，对其亲缘演化关系进行了探讨。结果表明：甘肃桃和山桃、新疆桃和普通桃核型相似，亲缘关系相近；甘肃桃和山桃的对称性大于新疆桃和普通桃，处于较原始的分类地位；染色体臂比表明，核型的不对称性为甘肃桃＞新疆桃＞普通桃，甘肃桃原始性最强。

宗学普等（1995）用药粉蛋白SDS电泳分析桃属植物种间亲缘关系及演化研究。结果认为桃属种的深化关系是：光核桃→甘肃桃→山桃→陕甘山桃→新疆桃→普通桃。

汪祖华等（1990）用扫描电镜观察了103份桃品种和3个桃近缘野生种的花粉粒。结果表明，花粉形态能有效地对桃种质进行分类和探讨亲缘演化关系。在桃的三个近缘野生种中，普通桃、山桃和新疆桃的亲缘关系相近，共同起源于甘肃桃。南方水蜜桃由蜜桃和南方硬肉桃深化而来，南方蟠桃与北方蟠桃亲缘关系较远，起源于南方水蜜桃。

目前，世界各地均有桃的栽培，但桃起源于中国，中国桃种质资源丰富，遗传变异复杂，改变了世界桃的品种构成，加强了桃的抗性，提高了桃的品质，对世界桃产业有巨大的影响与贡献。

二 桃属植物的分类

桃属植物种的分类，存在不同的说法。俞德浚（1984）按其果实是否开裂将我国的桃属植物分为两个亚属，即桃亚属和扁桃亚属，每亚属又分6种，共12个种。

1. 桃亚属

(1) 桃（毛桃）（*A. persica* L.）　原产于我国。为落叶小乔木。叶为窄椭圆形至披针形，长15cm，宽4cm，先端呈长而细的尖端，边缘有细齿，暗绿色有光泽，叶基具有蜜腺（图24～图27）；树皮暗灰色，随年龄增长出现裂缝；花单生，从淡至深粉红或红色，有时为白色，有短柄，直径4cm，早春开花；近球形核果，表面有茸毛，肉质可食，为橙黄色泛红色，直径7.5cm，有带深麻点和沟纹的核，内含白色种子。共有10个变种，其中有3个主要变种，即油桃、蟠桃和寿星桃。

①油桃（*A. persica* L. var. *nucipersica* L.）又称光桃、李光桃。我国自古就有栽培，目前新疆一带栽培较多。油桃是由毛桃发生芽变而来，主要特征是果皮光滑无毛，果形圆或扁圆（图28）。

②蟠桃（*A. persica* L. var. *compressa* Bean.）原产于我国南部，栽培较多。主要特征是果形扁平，核小扁圆形（图29）。缺点是成熟不均匀。

③寿星桃（*A. persica* L. var. *densa* Makino.）树形矮小，根浅。可做桃的矮化砧。有红花、白花、粉红花及红、白花混合四种类型。一般作观赏栽培。

④垂枝桃（*A. persica* L. var. *pendula* Dipp.）枝条细长，向外弯曲下垂。

⑤碧桃（*A. persica* L. var. *duplex* Rehd.）花淡红色，重瓣，花朵成串。其还有几个变型，如'白碧桃''红碧桃''复瓣碧桃''洒金碧桃'。

⑥绛桃（*A. persica* L. var. *camelliaeflora* Dipp.）花深红色，复瓣。

⑦紫叶桃（*A. persica* L. var. *atropurpurea* Schneid.）叶为紫红色，花为单瓣或重瓣，淡红色。

⑧绯桃（*A. persica* L. var. *magnifica* Schneid.）花鲜红色，重瓣。

⑨塔形桃（*A. persica* L. var. *pyramidalis* Dipp.）树形呈窄塔状，比较罕见。

⑩白桃（*A. persica* L.var. *alba* Schneid.）花白色，单瓣（图30）。

(2) 山桃（山毛桃）[*A. davidiana*（Carr.）Yü] 原产我国华北、西北一带的山区，为小乔木。树冠开张，树干表皮暗紫色，光滑，枝条细长、直立。叶片卵圆披针形，先端长渐尖，基部为宽楔形，边缘有细锐锯齿。花单生，直径2～3cm，花瓣倒卵圆形，先端圆钝或微凹，淡粉色。果实球形，小，直径约3cm，成熟后果肉开裂。在华北地区山桃主要作蔷薇科果树的砧木，抗寒耐旱、耐盐碱土壤，愈合良好。山桃有3个变种，红花、白花和光叶。物候期：萌芽期3月上旬，开花期3月中下旬至4月初，展叶期3月下旬至4月中旬，果实成熟期7月中旬，落叶期11月上旬。

(3) 光核桃 [*A. mira*（Koehne）Kov.et Kost.] 原产于

图24 毛桃新梢（谢深喜 供图）

图25 毛桃枝叶（谢深喜 供图）

图26 毛桃新梢枝叶（谢深喜 供图）

图27 毛桃植株（谢深喜 供图）

图28 油桃（徐小彪 供图）

图29 蟠桃果实（刘佳棽 供图）

图30 白桃花（徐小彪 供图）

图31 光核桃的叶（李好先 供图）

图32 光核桃的花（李好先 供图）

图33 光核桃果实切面（李好先 供图）

图34 光核桃果实和果核（李好先 供图）

西藏自治区，四川省西部亦有分布。为乔木。主要特征是核壳光滑。枝条细长，无毛。叶片披针形，先端长渐尖，基部圆形，边缘有圆钝锯齿，先端近全缘，下面中脉被上柔毛（图31）。花单生，有短花柄，花瓣倒卵形，先端圆钝，淡红色（图32）。果实近球形，肉质，外面密被茸毛，核卵球形，扁平，光滑（图33、图34）。

（4）**四川扁桃**（*A. dehiscens* Koeh.） 原产于四川省。为灌木，成丛状，有刺。果实成熟时会自行裂开露核。

（5）**甘肃桃**（*A. kansuensis* Skeels） 产于陕甘地区。本种与普通桃极为相似，冬芽无毛。叶片卵圆状披针形，叶缘有稀疏的锯齿，下面近基部中脉有柔毛。花柱长于雄蕊，大约与花瓣等长。核表面有沟纹，无点纹，种核小。极耐旱。可用作砧木。

（6）**新疆桃** [*A. ferganensis*（Kost. et Riab.）Kov. et Kost.] 产于新疆。植株直立或开张，枝条粗壮，单芽、复芽均有，叶片侧脉直伸至叶缘并向叶尖方向延伸。果面有毛或无毛；果肉软或韧，有白色、黄色或绿色。核有粘核与离核，核上有直沟纹。仁有苦或甜。

2. 扁桃亚属

扁桃亚属分为6个种，分别为普通扁桃、矮扁桃、西康扁桃、蒙古扁桃、长柄扁桃、榆叶梅（李疆，2015）。

（1）**普通扁桃**（*A. communis* L.） 栽培种，为落叶乔木，高3～12m。树干及多年生骨干枝的树皮为褐黑色，2年生树皮灰褐色，1年生枝上无茸毛，下垂，绿色，偶带淡玫瑰色斑，芽呈暗褐色，芽顶部紧贴枝条，树冠通常不正。枝叶繁茂，根系发达，入土深。叶片光滑，淡绿色，有托叶，单生，披针形或长椭圆形，有明显的主脉。花两性，通常花先于叶开放，虫媒花，异花授粉。花瓣顶裂，白色或粉红色，花瓣、萼片多为5枚，少为6枚，轮状排列，多体雄蕊（25～40枚），单雌蕊。果实单生，核果，着生在短果柄上。果实圆形或圆筒形，顶部钝或尖，果皮绿色或具淡红色晕。果实成熟时果皮干燥裂开。在我国主要分布在新疆维吾尔自治区南部的喀什市及和田市等地区。

（2）**矮扁桃**（*A. nana* L.） 又称新疆野扁桃，为野生种，枝叶茂密，植株高0.4～2.0m，密集成灌丛。枝条平展，无刺，具有相当多的短枝，嫩枝无毛。1年生枝灰色或淡红灰色。冬芽圆锥形，鳞片红褐色。叶片长卵圆形，先端渐尖、基部楔形，叶缘全缘或具浅钝锯齿。叶在当年生枝上互生，越年枝上簇生。开花期4月下旬至5月初，果实开裂。平原成熟期在7月，山区较晚。一般先展叶后开花，花色粉红，花期长，可经引种驯化作为城市和庭院绿化的优良树种。

（3）**西康扁桃**（*A. tangutica* Korsh.） 又名'四川扁桃''唐古特扁桃'，野生种，落叶灌木。分布于四川省西部及松潘县、甘肃省东部、青海省等地，可供观赏和作栽培扁桃的矮化砧。枝条稠密有刺，小枝平滑，褐色，通常簇生。枝叶披针形或长椭圆形，长1～3cm，先端渐尖或钝尖，具细微凸头，基部楔形，边缘具钝锯齿。叶表面暗绿色，背面灰绿色，侧脉5～8对。花单生，无梗，花冠直径2.5cm，萼片广椭圆形至卵圆形，光滑，有不分明的细齿，与萼筒等长。花瓣倒卵形。果实圆形，有密生茸毛，果肉薄，开裂。核近球形，两面均隆起成脊，表面有皱纹，无凹穴。

（4）**蒙古扁桃**（*A. mongolica* Ricker）　野生种，该种与西康扁桃的特性特别相近。叶片广卵形，长约1cm，侧脉4对。果小，微有茸毛。分布于中国内蒙古自治区、宁夏回族自治区、甘肃省的北部沙区，抗寒抗旱，可供观赏，也可作育种材料和矮化砧。

（5）**长柄扁桃**（*A. pedunculate* Pall.）　野生种，又名野樱桃。落叶矮灌木（0.5~2m），具有大量短枝，枝无刺，叶缘有粗大锯齿，果实卵形或长卵形，核果近1cm长，结果多，果肉干枯开裂。主要分布在中国内蒙古自治区及陕北北部的沙漠里，耐旱、抗寒，可用于杂交育种材料，也可作观赏树和矮化砧。

（6）**榆叶梅**[*A. triloba*（Lindl.）Ricker]　落叶灌木，高2~3m，嫩枝无毛或微被柔毛。叶片宽椭圆形至倒卵圆形，长2.5~6.0cm，宽1.6~3.0cm，先端渐尖，常3裂，基部宽楔形，边缘具粗重锯齿，正面具稀疏柔毛或无毛，背面被短柔毛。叶柄长0.5~0.8cm，被短柔毛。花1~2朵，直径2~3cm。萼筒宽钟状，无毛或被柔毛。萼片卵形或卵形披针状，具细小锯齿。花瓣倒卵形或近卵形，先端微凹或圆钝，粉红色，雄蕊约30枚，短于花瓣，子房被短柔毛。果实近球形，红色，被毛，直径1~1.5cm，果肉薄，成熟时开裂。核球形，具厚壳，表面有皱纹。核内有种子1枚，种仁苦。花期4月中下旬，果实成熟期7月中旬。

三　桃产业发展概述

1. 世界桃产业发展现状

目前，世界各国均有桃的分布，是世界上栽培最为广泛的温带落叶果树之一，遍及80多个国家和地区。桃主要分布在南北纬25°~40°，是世界六大水果（柑橘、葡萄、香蕉、苹果、梨、桃）之一，栽培品种3000多个。主要生产国有中国、美国、西班牙、意大利、法国、希腊、土耳其、伊朗、智利、阿根廷、埃及、印度、巴西、韩国、朝鲜、委内瑞拉、墨西哥、阿富汗、塔吉克斯坦、澳大利亚、突尼斯、巴基斯坦、阿尔及利亚、乌克兰、南非、塞尔维亚、乌兹别克斯坦、俄罗斯、叙利亚、土库曼斯坦、秘鲁、摩洛哥、波兰等国。

根据联合国粮食与农业组织（FAO）统计，2014年世界桃的栽培面积222.32万hm²，其中中国是栽培面积最大的国家，达72.84万hm²，占世界桃总面积32.66%，其他主栽国西班牙（8.6万hm²，3.87%）、意大利（7.4万hm²，3.33%）、美国（5.1万hm²，2.29%）、希腊（5.0万hm²，2.25%）（图35）。

2014年世界桃的总产量为2279.59万t，我国是世界上桃产量最大的国家，年总产量为1245.24万t，占世界总产量54.63%，其他主产国有西班牙（157.36万t，6.90%）、意大利（137.94万t，6.05%）、希腊（96.26万t，4.22%）、美国（96.00万t，4.21%）（图36）。

数据显示（图37、图38），2013年中国进口桃鲜果3.45万t，占世界桃进口总量的1.9%，世界排名第14位，进口金额为7900.7万美元，占世界排名第10位；中国出口桃鲜果为3.78万t，占世界桃出口总量的2.0%，世界排名第9位，出口金额为443.9万美元，世界排名第10位。桃鲜果出口最多的国家是西班牙，出口量为74.98万t，占世界桃出口总量的39.79%，出口金额为10.11亿美元。桃鲜果进口最多的国家是德国，进口量为28.76万t，占世界桃进口总量的15.76%。

2. 中国桃产业发展现状

桃在我国栽培普遍，集中产地为山东、河北、河南、陕西、甘肃、浙江、江苏等地。近年来桃的生产发展速度加快，从1993年以来我国的产量和面积一直居世界第一位，根据FAO数据统计，到2014年我国桃栽培面积达72.84万hm²，产量达1245.24万t（表1）。我国北起黑龙江省，南至广东省，西至新疆维吾尔自治区的库尔勒市、西藏自治区的拉萨市，东至沿海各地和台湾省都有桃的栽培，全国栽培品种约800多个，主要经济栽培地区在华北、华东各省，其中山东省、江苏省、浙江省、河南省、河北省、陕西省、甘肃省、山西省、湖南省等省栽培较多。江苏省无锡市、浙江省奉化市、山东省肥城市、河北省深州市则被誉为近代中国四大桃产区。2015年全国桃园面积产量继续增加，其中山东省、河北省为产桃大省，面积、产量分别约占全国的24.33%和34.51%，山东省为最大的桃产区，两省面积、产量分别达到11.32万hm²、277.53万t，分别约占全国的13.67%和20.35%（表2）。山东省桃的集中产区在临沂，2015年临沂市桃园面积约4.2万hm²，总产约128.88万t，面积和产量

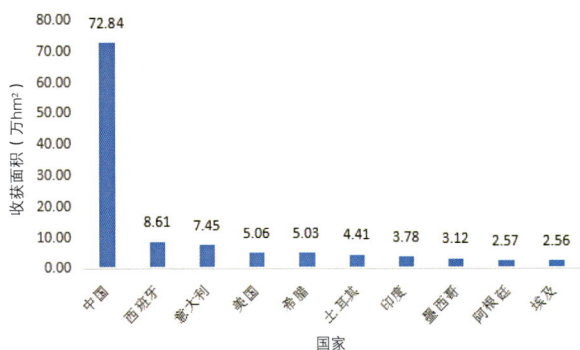

图35　2014全球桃收获面积

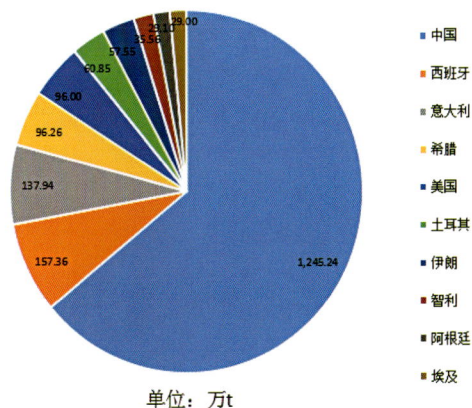

单位：万t

图36　世界桃主产国2014年产量

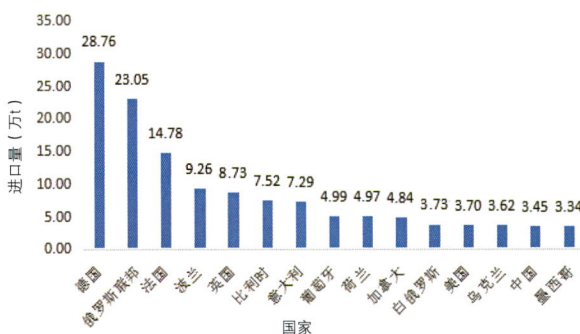

图37　2013年世界桃进口量

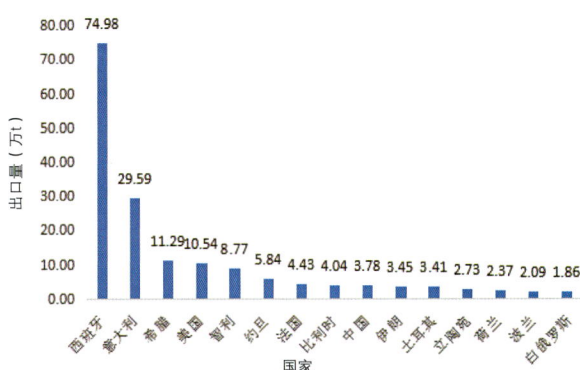

图38　2013年世界桃出口量

表1　2005—2014年中国桃产业状况

年份	种植面积（万hm²）	单产（t/hm²）	产量（万t）
2005	67.98	11.25	764.97
2006	67.22	12.26	824.33
2007	69.96	12.98	908.02
2008	69.78	13.71	956.37
2009	70.58	14.41	1017.00
2010	71.23	14.88	1059.71
2011	71.70	15.36	1101.27
2012	72.04	15.91	1145.95
2013	72.44	16.50	1195.12
2014	72.84	17.10	1245.24

注：数据来自FAO

约占全山东省的37.15%和46.44%，约占全国面积、产量的5.07%和9.45%（表3）。

根据FAO统计，近20年来，我国桃品贸易增长速度较快，以1992年为基期，中国桃品对外贸易规模不断增长，并始终保持顺差局面，且呈现不断扩大的趋势。1992年中国的贸易顺差为1340万美元，2000年扩大到3260万美元，2008年中国桃品贸易顺差已突破15000万美元，表明我国已成为一个桃品贸易的净出口国家。中国桃品贸易平均每年以17.18%的速度增长，是同期世界桃品贸易增长幅度的2倍，中国已成为世界上桃品贸易增长速度最快的国家之一，国际地位在不断提高。2000—2013年中国桃进口量呈下降趋势，出口量呈上升趋势（图39、图40）。

我国桃出口流向较为集中。受鲜桃不耐贮运及我国运输能力的限制，我国鲜桃出口对象以周边距离较近的国家和地区为主，如俄罗斯、哈萨克斯坦、越南、泰国、新加坡、马来西亚、吉尔吉斯斯坦、印度、朝鲜等，除此之外，我国对沙特阿拉伯也有少量的出口。

四　中国桃育种的研究进展

品种是农业科技的重要载体，对农业的发展起着基础性和先导性的作用。"国以农为本，农以种为先"。经过长期自然选择和人工驯化栽培，目前已经形成众多的品种和类型。新中国成立前，我国桃科技和生产工作都没有得到重视，因此桃生产及育种工作发展进程慢，种质资源没有得到应有的发掘及充分利用。1949年后，在党和政府的重视和支持下，桃产业得到了迅速发展，栽培

表2 全国2012—2015年桃园面积、产量

地区	桃园面积（hm²）				桃产量（t）			
	2012年	2013年	2014年	2015年	2012年	2013年	2014年	2015年
全国总计	745.9	765.9	799.5	828.3	11430347	11924085	12874081	13640032
北京	20.0	19.4	18.5	18.2	373295	358519	367617	340771
天津	5.1	3.7	3.9	4.1	58060	55207	58572	62853
河北	82.0	85.6	85.1	88.3	1573161	1661743	1818496	1931515
山西	18.8	24.4	26.7	31.1	512283	623579	823325	984087
内蒙古	0.1	0.1	0.1	0.1	5400	879	1383	2077
辽宁	22.2	23.3	25.0	25.5	610483	599570	512121	536316
吉林	0.2	–	0.2	0.2	1043	1285	746	685
黑龙江	–	–	–	–	–	–	–	–
上海	5.9	5.9	5.7	5.4	92529	71161	82696	78878
江苏	37.8	40.3	44.1	46.9	555686	508061	614365	617487
浙江	26.2	25.9	28.0	29.9	389383	393217	398896	428700
安徽	30.5	30.6	33.2	34.7	478189	498366	552978	598418
福建	26.1	26.3	26.1	25.8	246334	260651	267634	285336
江西	9.7	10.0	10.4	10.7	52674	53750	64872	63705
山东	100.2	104.0	108.2	113.2	2384381	2464826	2664707	2775251
河南	76.3	76.4	70.0	73.8	1106148	1101169	1132155	1193496
湖北	53.9	53.3	62.2	66.7	674194	724857	778112	931625
湖南	28.9	28.8	30.1	28.0	127495	131340	149365	161238
广东	6.9	6.9	7.1	–	87183	93410	101534	–
广西	24.1	26.7	27.9	29.1	212557	230513	250514	278874
海南	–	–	–	–	–	–	–	–
重庆	11.1	11.1	12.8	13.0	101532	106019	122241	133003
四川	47.2	47.7	48.2	49.1	450770	499611	519300	551213
贵州	25.9	28.8	34.1	36.1	122046	147350	172642	190116
云南	29.0	30.0	31.0	34.1	219003	231077	260177	280505
西藏	0.1	0.6	0.7	0.9	2636	2741	2895	3211
陕西	30.9	32.0	35.5	36.8	640733	708089	724872	757221
甘肃	12.3	11.8	11.8	11.8	196904	215206	230339	241794
青海	–	–	0.0	–	809	543	582	–
宁夏	2.0	2.0	1.9	1.9	30363	31026	34932	35390
新疆	12.7	10.4	11.0	12.7	125073	150320	166015	175789

注：数据来自《中国农业年鉴》

表3 2015年山东省桃园面积及桃的产量

	水果园面积（hm²）	水果产量（t）	桃	
			面积（hm²）	产量（t）
全省总计	652638	17029979	113163	2775251
济南市	32288	530094	5569	105357
青岛市	27203	758675	4144	68659
淄博市	31022	970289	9270	285190
枣庄市	16825	263614	4350	80834
东营市	5560	92389	429	3096
烟台市	162896	5586615	3288	79922
潍坊市	36643	80114	11493	234732
济宁市	18484	278651	3903	53001
泰安市	29716	552914	7884	178129
威海市	34772	1009938	914	19098
日照市	21367	258507	5106	78903
莱芜市	10993	98239	4648	46241
临沂市	83400	2164382	42041	1288709
德州市	13696	399333	635	20637
聊城市	38792	623445	2015	26285
滨州市	38045	1039200	1123	29916
菏泽市	17604	555579	2351	76542

注：数据来自《山东省年鉴》

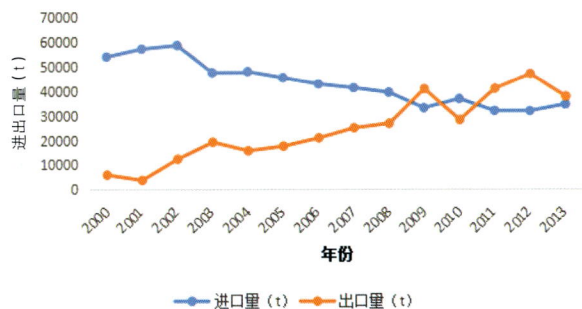

图39　中国桃2000—2013年进出口贸易情况

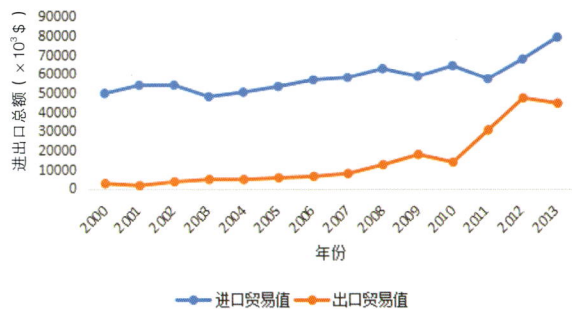

图40　中国桃2000—2013年进出口贸易总额

面积及产量持续呈上升趋势。在桃的种质资源调查、收集、整理、利用、新品种选育推广及栽培技术研究等方面都取得了显著成绩。总体而言，我国桃育种经历了五个阶段：第一阶段（1949—1959年），是我国桃育种的起步阶段，当时我国育种科研体系尚未完全建立，生产力水平低，生产上种植的品种大都是对当地生态环境有特殊适应性的地方品种和国外引入品种。这个阶段，科研工作者在全国适宜栽培桃地区开展了资源普查工作，基本上查清了桃的种类和品种资源。第二阶段（1960—1969年），是早期杂交育种阶段，这个阶段针对我国当时地方品种品质差、产量低、成熟期不配套、国外品种适应性差、果实风味品质较差的问题，开展了有性杂交育种，选用中晚熟品种作为母本，对地方品种进行了初步改良。推出的早熟品种有'雨花露''庆丰''杭州早水蜜''麦香''钟山早露''早香玉''雪香露''白香露''北农 2 号''京红'等，中熟品种有'豫甜''豫白''朝晖''京玉'，晚熟品种有'八月脆''京艳''京蜜''秋玉''丹桂''晚香''新白花''丰白'等。第三阶段（1970—1980年），是品种选育阶段，主要针对制罐和特早熟桃品种及特色品种。由于第一阶段杂交培育的品种在20世纪70年代得到了广泛应用，开始大量栽植，极大地促进了我国桃生产的发展。但当时仍缺乏特早熟品种，此阶段的主要育种目标是借助胚培养技术，通过有性杂交培育特早熟品种。此阶段培育的'春蕾''早花露'等品种的果实发育期少于60天，使我国特早熟育种处于世界领先水平。第四阶段（20世纪80年代初到90年代初），是油桃育种为主的育种目标多样化阶段。第五阶段（20世纪90年代中后期至今），是多样化、优质、耐贮运育种阶段，1999年和2001年全国桃育种协作会将耐贮运作为今后的总体育种目标。同时为了满足消费者的需求，以多样化和优质为主要育种目标。油桃育种已进入第3代育种阶段，主要目标是果面全红、不裂果，现已育出'超红珠''丽春''千年红''玫瑰红''中油5号''中油7号'等（许淑芳，2012）。

近些年来，在国家自然资源平台、国家"863"计划以及国家桃产业体系等科研项目的大力支持下，桃种质工作有了很大的进展。经桃资源与育种专家多年来的坚持与努力，我国建立了许多高效育种的技术体系，我国的桃资源优势已转化成为育种与品种优势，且育成了一大批优良的新品种，继'春蕾''雨花露'及'中华寿桃'等毛桃品种之后，相继推出了'锦绣''橙香''金花露''五月金'等鲜食黄肉桃品种，'曙光''艳光''华光''早红珠''丹墨'等极早熟甜油桃品种以及花果兼用品种'满天红'等，近几年推出的新品种，如'千年红''双喜红''玫瑰红'油桃系列及'瑞光'与'瑞蟠'系列的果实颜色、风味、肉质及贮运性能等均有较大的改善，这些品种的推广应用有力促进了我国桃品种的优化调整与更新换代，为桃产业的高效发展做出了突出贡献。

第二节
桃地方品种种质资源调查与收集的重要性

果树产业作为世界农产品三大产业之一，一直都备受各国重视和支持。果树种质资源是重要基因库，自20世纪60年代以来，各国政府愈加重视基因库的建立，并陆续开展了种质资源的收集、保存和鉴定工作，同时通过建立资源圃加以保存。种质资源是指培育新品种所用的原始材料，包括栽培品种、半栽培品种、野生类型及人工创造的新的品种类型。其作为基础理论研究、培育新品种等科学研究的重要资源，不仅可以保留濒临灭绝的物种，保存对人类和自然具有重要或是未知作用的基因，更是可以为其他学科的研究及科技创新提供研究材料和重要的科学依据。因此，各国都积极地进行收集、鉴定和保存工作。例如，国际植物遗传资源研究所（IPGRI）、美国国家植物遗传资源中心（PGRB）、日本国立遗传资源中心等都是各国收集、保存和研究种质资源的专门部门。地方品种是指那些没有经过现代育种手段改良、优化的，在局部地区内栽培的品种，这也包括那些过时的、零星分布的品种。由于在特定地区经过长期栽培和自然选择，一般情况下，地方品种对所在地区的气候和生产条件产生了较强的适应性，还包含有丰富的基因型，具有丰富的遗传多样性，常存在特殊优异的性状基因，这是果树品种改良的重要基础和优良基因来源。这类种质资源往往由于优良新品种的大面积推广而被逐步淘汰，它们虽然在某些方面不符合市场的需求，或者是由于适应性不够广泛，但常常具备某些罕见的特性，如适应特定地域的生态及环境，尤其是对某些病虫害有较强的抗性，又或是具备一些在当前情况下不太关注或不了解的潜在有利性状。因此在种质资源收集时，需要特别加以重视。大多发达国家已经将其国内的原产地方品种进行了详细的调查和收集。

一 世界桃种质资源概况

世界各国对桃种质资源的收集、保存及利用都十分重视。桃的主要生产国家都先后建立了种质保存机构。美国1980—1983年在加利福尼亚州戴维斯市建立的果树种质资源库，是美国核果类种质资源的主要保存单位，已收集桃种质资源达1400份，日本于1985年建立了果树基因库，现在筑波果树试验总场、九洲农业试验场保存桃资源共623份，此外，意大利、法国、西班牙、希腊等国都收集并保存了大量桃遗传资源。

世界各国在收集、保存桃种质资源的同时，还开展了桃遗传资源特性的研究。桃种质资源是一种非常重要的果树资源，近些年来，引起了人们的高度重视。不仅是因其含有丰富的营养成分，具有较好的食用价值和药用价值，更是由于其在遗传育种上具有潜在应用前景。桃资源的开发与利用已相继在许多国家展开。当前桃种质资源的主要作用有以下三种：一是用来培育同科果树矮化及抗性砧木；二是栽种于城市绿化及防护林带；三是进行群体遗传多样性的研究。桃野生品种遗传多样性的差异及分布情况的研究，丰富了该种的遗传背景信息，为桃优良品种选育和杂交育种提供了理论依据和遗传学背景资料，同时也为下一步桃野生品种及其近缘栽培种的遗传图谱的构建和功能基因定位奠定了基础。

桃资源的保存，通常以田间保存为主。但是田间保存占地面积大，管理费用高，还会遇到病虫害和不利环境因素的影响。近年来采用冷冻干燥和液氮等超低温相结合的方法可以长期保存桃花粉，如在-196℃以下贮藏1年的花粉用于授粉和新鲜花粉活力相同（赵密珍等，2000）。

二 中国桃种质资源概况

我国政府对桃种质资源收集、保存工作十分重视。自1956年以来，在适宜桃栽培的省（自治区、直辖市）相继开展了桃资源调查，基本查清桃属植物有5个种16个变种或类型，品种达800余个。20世纪80年代初，由农牧渔业部重点扶持，先后在北京、南京、郑州建立了3个国家级桃种质资源圃，至2009年共收集保存了1300余份桃种质资源，其中国外种质占30%，地方种质占30%。除了3个国家圃保存桃种质外，全国还有14个科研教学单位也保存了桃种质资源，去掉重复保存数，共计保存了1508份桃资源，包含光核桃、山桃、普通桃、新疆桃、陕甘山桃、甘肃桃6个种。

1949年以来，我国相继开展了桃的资源调查，并编著了《山西桃品种资源》《河北果树志》《江苏果树志》《甘肃果树志》等有关桃资源的专著，在专著中发现了不少具有特殊性状的优良品种（品系）。自1956年以来，甘肃省通过调查，基本摸清了甘肃桃性状，发现甘肃桃是一种抗旱、抗寒、抗线虫、利用价值很高的种质资源。1959年新疆维吾尔自治区通过调查，在南疆一带发现10种甜仁桃，均为实生群体，其中'绿肉双仁甜仁桃'属桃中珍品。浙江省在1958—1963年的桃资源调查中，对其境内分布的144个品种进行了详细记载。

20世纪70年代末，我国对桃野生资源进行重点考察，由轻工业部食品发酵所与中国农业科学院郑州果树研究所、陕西省果树研究所、北京市农林科学院等组织的西北罐桃资源调查组，对陕西省、甘肃省两地六个重点桃区进行调查，发现了许多适应当地生态条件、丰产性强、加工性状优良的实生树，如'下庙1号''西庄1号''肉蟠桃'等17个优良品种（品系）。在张掖市、敦煌市两地发现了新疆桃中的两个新变种'新疆油桃'和'新疆蟠桃'，在酒泉市金塔县又发现蟠桃新类型'李光蟠桃'。1981—1984年中国农业科学院组织全国25个单位对西藏农作物进行考察，通过整理、鉴定，分33个属18个种（或变种）106个品种，并发现世界罕见、

年过千载的"活化石"果树、宝贵的种植资源，'光核桃'是西藏分布最广泛的野生果树之一。1982—1983年江苏省农业科学院园艺研究所等单位对云南主要桃区进行考察，在海拔1300m的山地，发现许多不溶质粘核的桃，对选育短低温品种和加工品种具有一定价值。1986年山西省农业科学院果树研究所调查收集了200多个桃品种（品系），对山西省桃资源进行了系统的整理、保存和利用。四川省江津地区桃资源调查整理出'硬脆绿肉香桃'等9个品种。在台湾低海拔地区，也拥有需冷量很少的脆桃系（硬肉）品种，如'莺歌桃'等，他们都是短低温的桃种质资源（许淑芳，2012）。

三 中国代表类型桃种质资源的概述

1. 油桃种质资源

我国油桃种质资源主要分布在新疆维吾尔自治区和甘肃省，其开发利用主要是当地果农根据本地市场的需求进行选育、种植。油桃品种类型多样，此前并未进行系统的研究及开发利用，无统一品种名，开发及利用的前途广阔。

我国现在大量栽培的油桃品种几乎都是从国外引进的，或者是以引种的国外品种为亲本杂交选育而来的。最近20年，油桃无论栽培还是育种，其发展速度都很快，培育出不少优良品种，据不完全统计，1990—2003年，我国共育出油桃品种23个，其中，早熟油桃，有'早红珠''丹墨''早红霞''曙光''华光''艳光''中油桃4号''瑞光1号''瑞光5号''瑞光7号''瑞光2号''瑞光3号''瑞光22号''双红''秦光''霞光'等16个，中熟品种有'甜丰''瑞光11号''瑞光28号''玫瑰红''双喜红'等5个，晚熟品种有'红珊瑚''香珊瑚'等2个，黄肉品种11个，白肉品种12个。我国目前发表的油桃品种的品系族谱结构简单，果实成熟期较为集中，大多为早熟品种，地方资源利用较少。在生产上或多或少有些缺点，如'曙光'味偏淡，'丹墨'果实小，'瑞光'裂果等。因此，要想获得优良的油桃品种，并在市场竞争中取胜，拥有和掌握大量的种质资源极为重要。

油桃原产于我国的西北地区，经过中亚传入伊朗，以后通过古丝绸之路传到欧洲和美国。通过几十年不断的品种改良，油桃的品质得到了改善，尤

其是果面色泽的改进，使其外观艳丽、美观，深受消费者青睐，但由于鲜食桃果不耐贮运，因此，育种工作者的选育目标转变为不同成熟期的油桃品种，延长其供应期。据意大利罗马果树研究所的Strada GD统计的1980—1992年油桃品种结果，结合其他资料的统计，1980—1998年全世界共选育出306个油桃品种，其中黄肉油桃238个，占77.8%；白肉油桃68个，占22.2%。美国选育的品种为157个，占51.3%；意大利和法国分别为51个和32个，占16.7%和10.5%；前苏联选育品种19个，占6.2%；中国选育品种17个，占5.5%，居世界第五位。这些品种有55%来自于杂交育种；19%为自然授粉后代；6%来源于突变；其余20%来源不明。41%为早熟品种，33%为中熟品种，26%为晚熟品种，绝大部分品种成熟期为95天左右。美国、巴西利用其本国和中国云南省的短低温资源选育出31个短低温油桃品种；美国、乌克兰、加拿大利用抗性资源选育了15个抗白粉病、细菌性穿孔病的油桃品种。法国新育成的油桃品种主要以白肉为主；日本培育的油桃主要以中晚熟品种为主，其品种栽培性状好，但抗湿、抗病性较差。近20年来，美国作为世界油桃育种强国，培育了大量的油桃品种，有的品种不仅在本国大量栽培，而且被世界许多国家如澳大利亚、意大利、日本、中国等广泛引种栽培，并作为育种资源加以利用。这些品种大多果实较大，果形端正美观，肉质致密而耐贮性较好，但其油桃果实多数偏酸，抗性不强，有的易发生裂果、锈果，在资源性状利用上有许多不足。

从油桃育种的种质资源看，现代所得的许多品种，父母本大多为美国油桃，如'阿姆肯''新泽西76''丽格兰特''理想''美味'等。从起源上讲，美国油桃与我国北方硬肉桃与蜜桃的起源更近一些，美国油桃可能存在起源上的一种古老趋势，其在遗传结构上直接起源于西北桃种质中心的可能性更大一些（刘志虎，2005）。

我国许多研究单位始终将油桃种质资源的搜集、保存与开发利用作为立项研究的重点工作，特别是我国加入世贸组织后，挖掘和开发油桃资源的工作就显得更加重要。因此，合理利用地方资源，加强资源研究，选育出适应性强、果大、外观美、风味浓、耐贮运、抗病、不裂果的品种，是油桃资源开发利用的方向。美国、日本利用引进的'上海水蜜桃'作为育种亲本材料，培育出了'爱保太''大久保''白凤'等优良品种，这些品种不仅在本国得到了广泛应用，并被世界其他国家引种栽培。'白花'水蜜桃综合性状优良，性状遗传力高，利用之培育出了'雨花露''朝晖''朝霞''新白花''锦绣'等品种，在我国的桃树生产中发挥了巨大的作用。利用美国油桃'阿姆肯''丽格兰特''新泽西76'等培育出了甜风味油桃'曙光''瑞光2号''丹墨'等，推动了我国的油桃生产（刘志虎，2005）。

2. 扁桃种质资源

目前扁桃在世界上栽培很广，现全球各大洲都有栽培，但集中分布于北纬30°～40°的暖温带地区。主产国是美国、西班牙和意大利。我国记载扁桃引种始于唐朝，1300年前西域已有扁桃并被视为珍品。扁桃经丝绸之路引种长安，沿途在我国新疆维吾尔自治区、甘肃省、宁夏回族自治区、陕西省均曾栽培过。在我国有普通扁桃、唐古特扁桃（西康扁桃、四川扁桃）、蒙古扁桃、长柄扁桃、矮扁桃、榆叶梅等6个种。1956年、1965年和1974年中国科学院等科研单位分别从前苏联、意大利、法国、阿尔巴尼亚等引入10多个品种分别在北京市、河北省、西安市、银川市等地进行试种。试种结果表明，植株基本能正常生长，并完成阶段发育和开花结实，但由于这些省市夏季高温高湿，植株极易感染病害，加上枝条停止生长晚，花芽分化不良，不完全花多，因而结实量大大降低。如河北省杨家坪林场试种扁桃生长良好，开花多，但结实少，未能发展。西安省植物园在秦岭、大巴山也分别设立了试验栽培点，其结果与河北省相似，都未能大面积发展。可见我国自东经75°50'（新疆喀什）～122°（辽东半岛），北纬33°45'（陕西商县）～43°40'（新疆伊宁）的北方诸省均曾引种过扁桃，但生长发育正常的仅限于新疆维吾尔自治区的喀什市、和田市等地区。由于历史条件的限制，新疆维吾尔自治区在新中国成立初期时民间保留下来的扁桃面积很少且多呈零星散植状态，产量低。20世纪60年代后，扁桃这一珍贵资源逐渐得到重视和开发利用，新疆维吾尔自治区主栽区先后从前苏联、阿尔巴尼亚、伊朗、意大利及美国引入一些品种的种子、接穗及苗木。经20余年的栽培，现在大部分已经驯化成功。目前，新疆维吾尔自治区扁桃栽培面积约为1万hm²，其中大多以农林间作模式栽培（孙晋科，2008）。

3. 光核桃种质资源

光核桃又名西藏桃，藏语为康布，是西藏自治区原有的野生桃种。

光核桃属于蔷薇科桃属的乔木植物，为小型或中型的落叶乔木。树高4～8m，7年生基径17.2cm，干周72.7cm，冠幅3.0m×3.0m。30年生光核桃树高达9～10m，冠幅7.5m×10.0m。光核桃生长于海拔2500～3500m。在东经91°50′～98°48′、北纬31°10′～29°58′之间的20个县境内均有分布，其中尤以雅鲁藏布江下游及其支流尼洋河及帕隆藏布江流域最为集中，产江达、芒康、奈隅、八宿、波密、米林、加查、穷结、拉萨、曲水、隆于、错那、洛札、亚东、聂拉木和吉隆，生于针阔叶混交林中或山坡、林间、田埂、路旁边处以及庭园栽培，海拔2600～4000m，有一亚种产于尼泊尔。光核桃是极其宝贵的种质资源，其具有适应性强、耐旱、耐瘠、抗病、长寿、结果力强等优良特点；同时资源丰富，有较高的经济利用价值。据中国科学院植物研究所分析：种仁含油50.6%，油的折光率（40℃）1.4652，碘值103.9，皂化值195.9。油的脂肪酸组成（%）：肉豆蔻酸0.1、棕榈酸7.4、硬脂酸2.8、十六碳烯酸0.3、油酸60.7、亚油酸28.7（钟政昌，2008）。

4. 观赏桃种质资源

我国是观赏桃的起源中心，在汉代文物中就有观赏桃栽培品种的相关记载。有关观赏桃种质资源记载，约在1309—1695年，观赏桃品种'垂枝桃''帚桃''寿星桃''碧桃'从中国传入日本，其中'垂枝桃'于1839年由日本传入欧洲；1636年，'碧桃'从中国引入法国。目前，观赏桃已经广泛分布于世界各地，发展形成了丰富的种质资源（樊晓梅，2013）。

观赏桃在长期的人工选择和自然选择过程中，孕育出丰富的种质资源类型。陈霁等（2010年）总结张秀英等人和胡东燕对我国观赏桃的分类方法，将我国近百个品种资源分为4个类群。

（1）**直枝桃品种**　'单粉''单红''单轮菊花''单二色''白碧桃''粉花山碧桃''粉红山碧桃''碧桃''复瓣碧桃''红碧桃''绛桃''二色桃''合欢二色''白花山碧桃''菊花桃''晚白桃''绯桃''五宝桃''洒红桃''粉紫台阁''洒白桃''抗粉''羞红''粉玉''若玉''人面桃''替粉''寒红桃''晚红桃''日月桃''瑞仙桃''白碧台阁''六瓣粉桃''紫奇''醉芙蓉''单白''洒稔''玉色''玛瑙''凝霞紫叶桃''春蕾''满天红''探春''紫叶桃''北京紫''风荷紫''云龙桃''迎春''报春''黄金美丽'。

（2）**垂枝桃品种群**　'单瓣垂枝''朱粉垂枝''红白垂枝''鸳鸯垂枝''五宝垂枝''绿霉垂枝''红雨垂枝''梦玉垂枝''飞雨垂枝''淡紫垂枝''含笑垂枝''单红垂枝''单粉垂枝''垂枝''源平垂枝'。

（3）**寿星桃品种群**　'双花寿白''单瓣寿白''单瓣寿粉''单瓣寿红''寿白''寿粉''寿红''狭叶寿红''稷粉寿星''蕊宫寿星''亮粉寿星''暇玉寿星''大花寿红''洒粉寿星''二乔寿星''碗寿粉''桃源寿星''油寿'。

（4）**帚形桃品种群**　'照手桃''照手白''照手红''照手姬''科林斯玫瑰''科林斯秘'。

2010年，中国林业出版社出版由胡东燕等人主编的《观赏桃》专著，系统地总结了作者20年来对国内外观赏桃资源及品种的调查、分类及应用研究，并在新品种选育、栽培、养护等诸多方面作了详细介绍。书中把我国大部分观赏桃品种划分为6大类群，并在各论里分别讨论了其中76个观赏桃品种。这6大类群分别是：直枝型品种群、寿星桃品种群、垂枝型品种群、帚形桃品种群、曲枝桃品种群和山桃花品种群，与陈霁不同的是，将不是纯桃血统的品种单独划分为山桃花品种群，将枝条呈云龙状卷曲的品种单独划分为曲枝桃品种群。

四　桃地方品种资源调查与收集的重要性

由于农业发展的先进性，国外发达国家较早认识到植物种质资源收集的重要性，在美国、欧洲等发达国家，果树生产大多以大中型的果园农场为主，小型果园或类似我国农家形式的生产较少。这种类似工业化生产的模式给生产者带来巨大方便快捷的同时也导致果树品种单一、众多优良的自然突变被忽略，在一定程度上来说对于果树的自然育种是不利的。由于社会历史的原因，我国果树生产大多以农户生产方式存在，果园面积小，经济效益低。这种农户型的生产方式有着种种弊端，但同时也为自然突变所产生的优良品种提供了生存的空间。农户对于自家所种植的品种比较熟悉，通过自然实生、芽变或自然变异所产生的优良性状的果树品种能够被保留下来，在不经意间被选育出来，成为地方品种。地方品种具有相对优异的性状，是可以在短期内改良现有品种的宝贵资源。但这种方式所产生的品种没有经过任何形式的鉴定评价，每个品种的数量不多，很容易随着时间的流逝而灭绝，如甘肃省兰州市安宁区曾经是我国桃的优势产区，但随着城市的建设和发展，现在桃树栽培面积不到20世纪80年代的1/5，在桃园面积大幅减少的同时，地方品种也在大量流失。因此，新中国成立后，党和政府十分重视果树事业的发展。国务院在1956年拟定的全国科技远景规划中提出："要调查、收集、保存、利用我国丰富的果树品种资源"。农业部也发出了"关于全面收集整理各地农作物地方品种工作的通知"。1958年全国各省（自治区、直辖市）相继进行了果树资源普查。中国农业科学院果树研究所（一部分后来南下黄河故道地区的郑州市，即后来成立的中国农业科学院郑州果树研究所）为了推动此项工作的开展，先后召开了西北、华东、新疆、云贵及两广等13个省（自治区、直辖市）的果树资源调查座谈会。到1960年，全国已有18个省（自治区、直辖市）基本完成了野外调查任务。初步查明，河北省有103个种，1000多个品种；山东省有90余个种，3000多个品种；陕西省有185个种，

1000个以上品种（或类型）；新疆维吾尔自治区有78个种，17个变种，约900多个品种；辽宁省有73个种，20个变种，970余个品种。由于首次普查工作的成果因历史的原因大多得而复失，1979年果树资源考察工作又重新提上日程。1979年初，农业部召开"第一届全国农作物品种资源科研工作会"之后，中国农业科学院组织了对西藏、云南、湖北等省（自治区）的考察。截至目前，各国家级资源圃已累计收集了1674份桃资源（郑州729份、南京587份、北京285份、轮台68份、公主岭5份）（表4）。

随着时代的发展和科研、育种工作的深入，种质资源调查的要求也发生了很大的变化。育种科学家们逐渐认识到现有栽培品种的遗传育种体系相对封闭，遗传多样性受制于其祖先亲本，遗传背景较狭窄，育种性状提高的空间越来越小，亟需引入新的优异基因资源。地方品种因为积累了丰富的优良变异，且本身综合性状较好，逐渐成为新形势下育种家们迫切需要了解的资源。因此，为了保护和收集这些长期累积下来的优良地方品种资源，进行系统的调查迫在眉睫。

表4 中国桃种质资源收集情况

机构	地点	数量（份）
中国农业科学院郑州果树研究所	河南省郑州市	729
江苏省农业科学院	江苏省南京市	587
北京市农林科学研究院	北京市	285
新疆农业科学院	新疆维吾尔自治区轮台市	68
吉林省农业科学院	吉林省公主岭	5

第三节
桃地方品种调查与收集的思路与方法

根据果树种质资源野外调查的一般方法和手段，我们制定了一套符合桃地方品种调查和收集的技术和方法，以期在最短时间内最大程度地收集所有有效的信息。由于过去科技水平和财务、交通等条件的限制，资源考察工作的效果势必受到影响，当时没有电脑，相机设备相对今天也很落后，野外资源考察工作没有能够留下足够的图像资料，即使有图像资料的，其色彩、清晰度等各方面也存在许多失真的地方。而且，当时没有GPS导航设备，一些有关资源地域分布的描述并不确切；后期如果当地的地理环境发生变化，往往也不能对该地区的资源进行回访调查。针对以前调查的技术水平和工具的不足，我们都一一做了弥补。桃地方品种资源分布广泛，需要了解和掌握的信息较多，因此我们制定了如下工作流程。

一 调查我国桃优势产区地方品种的地域分布、产业和生存现状

通过收集网络信息、查阅文献资料等途径，从文字信息上掌握我国桃树优势产区的地域分布，确定今后科学调查的区域和范围，做好前期的案头准备工作。实地走访桃树种植地区，科学调查桃树的优势产区区域分布、历史演变、栽培面积、地方品种的种类和数量、产业利用状况和生存现状等情况，最终形成一套系统的相关科学调查分析报告。

二 初步调查和评价我国桃优势产区地方品种资源的原生境、植物学性状、生态适应性和重要农艺性状

对我国桃优势产区地方品种资源的分布区域进行原生境实地调查和GPS定位等（图41~图44），评价原生境生存现状，调查相关植物学性状、生态适应性、栽培性能和果实品质等主要农艺性状，通过文字、特征数据和图片对桃优良地方品种资源进行初步评价、收集和保存（图45~图51）。这些工作意义重大而有效率，最后可以形成高质量的桃地方品种图谱、全国分布图和GIS资源分布及保护信息管理系统。

图41 桃原始生境1（曹尚银 供图）

图42 大桃树围（曹尚银 供图）

图43 原始生境2（曹尚银 供图）

图45 形态观察1（曹尚银 供图）

图46 形态观察2（曹尚银 供图）

图44 原始生境3（曹尚银 供图）

图47 原始数据记录（曹尚银 供图）

图48 测量树干（曹尚银 供图）

图49 采集叶片（曹尚银 供图）

图50 拍照记录（曹尚银 供图）

图51 形态观察及拍照记录（曹尚银 供图）

图52 生境1（李好先 供图）

图53 生境2（曹尚银 供图）

图54 生境3（曹尚银 供图）

图55 生境4（曹尚银 供图）

图56 生境5（曹尚银 供图）

图57 生境6（曹尚银 供图）

图58 生境7（曹尚银 供图）

图59 生境8（曹尚银 供图）

图60　生境9（曹尚银　供图）

图61　生境10（曹尚银　供图）

图62　枝梢性状（曹尚银　供图）

图63　枝干性状（曹尚银　供图）

图64　嫩梢性状（曹尚银　供图）

图65　叶片性状1（曹尚银　供图）

图66　叶片性状2（曹尚银　供图）

图67　叶片性状3（曹尚银　供图）

三　采集和制作桃地方品种的图片、图表、标本资料

由于过去交通设施较差，桃的资源调查工作受到限制。当时公路、铁路和交通工具均比较落后，许多交通不便的地方考察组无法到达，不能详细考察。而现在，公路、铁路和航空交通都较当时有了巨大的发展，给考察工作创造了很好的条件，使考察组可以深入过去不能够到达的地方，从而可能发现、收集并保存更多的地方品种资源，如本次调查前往西藏自治区昌都市发现百年以上的桃树资源。为了解桃的起源和演化提供依据，我们在不同物候期对枝、叶、花、果等性状进行调查，记录其生境信息（图52～图61）、植物学信息（图62～图67）、果实信息（图68～图76），并对其品质进行评价，按桃种质资源调查表格进行记录。根据需要对果实进行果品成分的分析。

图68 幼果性状1（曹尚银 供图）

图69 幼果性状2（曹尚银 供图）

图70 成熟果实性状（曹尚银 供图）

图71 果实性状1（曹尚银 供图）

图72 果实切面1（曹尚银 供图）

图73 果实性状2（曹尚银 供图）

图74 果实切面2（曹尚银 供图）

图75 果实性状3（曹尚银 供图）

图76 果实切面3（曹尚银 供图）

四 鉴别桃地方品种遗传型和环境表型

加强对桃主要生态区具有丰产、优质、抗逆等优良性状资源的收集保存，针对恶劣环境条件下的桃地方品种，注重对工矿区、城乡结合部、旧城区等地濒危和可能灭绝的地方品种资源的收集保存，以及桃地方品种优良变异株系的收集保存，并在郑州地区建立国家主要落叶果树地方品种资源圃，用于集中收集、保存和评价特异桃地方品种资源，以确保收集到的果树地方品种资源得到有效保护。对于收集到资源圃的桃地方品种进行初步观察和评估，鉴别"同名异物"和"同物异名"现象。着重对同一地方品种的不同类型（可能为同一遗传型的环境表型）进行观察，并用相关仪器进行鉴定分析。我们在桃地方品种的调查过程中发现，由于当地社会经济状况已经发生了翻天覆地的变化，桃地方品种的生存状况自然也会相应发生变化。实际上随着经济的发展，城镇化进程的加快，桃树产业也在向着良种化、商品化方向发展；桃地方品种的生存空间和优势地位正快速丧失，导致桃地方品种因为各种原因急速消失，濒临灭绝，许多桃地方品种现在已经无法寻见。通过此项工作，一方面能够了解我国桃生产现状，解决其生产的各种问题，另一方面也通过收集和保存大量自然产生的桃品种资源，丰富我国桃种质资源库，为选育优良桃品种提供更多优异原始材料。对我国优势产区桃地方品种资源进行调查和收集，可以在有限的时间和资源配置下，快速有效地了解和收集到最多的桃品种资源。

第四节
桃地方品种的区域分布

一 桃的主要品种群类型

根据地理分布、果实性状及其工艺特性将桃划分为5个品种群：北方品种群、南方品种群、黄肉桃品种群、蟠桃品种群和油桃品种群（龙兴桂，2000；陈杰忠，2015）。

1. 北方品种群

主要分布于我国华北、山东、山西、河北、陕西、甘肃、新疆等地。

主要特点：树冠较直立，果实带尖顶，肉质较硬、致密，较耐贮运，抗旱和抗寒性较强，但是不耐暖湿气候，在南方栽培会生长发育不良。从生态条件和品种组成来看，本品种群还可分为华北与西北两类。

(1) 华北类　分布于华北的主要有两系：①面桃系。较为古老。果顶凸起，硬熟时果肉质脆，成熟后果实发面，多为离核，水分少，不耐贮运，抗性较强。代表品种如'河北五月鲜''六月鲜'等。②蜜桃系。改良程度较高。果型大，果顶凸起，硬熟时肉韧致密，成熟后汁多，果肉多为白色，多粘核。偏晚熟，贮运性稍好，适应性较窄。代表品种如'肥城桃''深州蜜桃''益都蜜桃'等。

(2) 西北类　西北是中国桃资源最为丰富的地区，加上该区多用实生繁殖，因而形成大的天然杂交群体。本区栽培有普通桃，在新疆维吾尔自治区、甘肃省一带还栽培有油桃，如新疆维吾尔自治区'早熟李光桃''黄李光桃''甜仁李光桃'，以及甘肃省的'紫胭脂桃''紫胭肉桃''李光肉桃'等。另外，这一地区黄桃也分布广泛，集中于甘肃宁县。黄肉桃中除普通类型以外，还有油桃型、蟠桃型、韧肉桃型以及甜仁型，代表品种如'灵武黄甘桃''武功黄肉桃''新疆黄肉桃'等。另在新疆地区还有大量的新疆桃，各种类型与普通类型桃并行分布。西北地区桃资源非常丰富，因此系统地划分有待于进一步研究。

2. 南方品种群

主要分布于长江流域以南的地区，以江苏省、浙江省为最多。由于南北相互引种，目前南方品种也遍布北方各地。根据品种起源与果实特点又可分为三系。

(1) 硬肉桃系　本品种群中最为古老的一系，栽培

图77 '太仓水蜜桃'植株（李好先 供图）

遍及中国南方。果顶部呈短锐尖状。果肉硬且致密，汁液少，硬熟时适宜采收，过熟则果肉细胞壁果胶分解而发面，品质下降，多数为离核。代表品种如江浙一带的'小暑'，湖南省的'象牙白'，贵州省的'白花桃''青桃'，云南省的'二早桃'，广东省的'白饭桃'，四川省的'芦定香桃'，福建省的'鹰嘴桃'等。

（2）水蜜桃系　为本品种群改良程度较高的品系。果肉柔软多汁、味甘，充分成熟时果皮易剥离，粘核居多，也有半离核或离核，适宜鲜食。果实不耐贮运。代表品种有'玉露''白花''白

凤''太仓水蜜桃'（图77～图82）等。

（3）蟠桃系　南北方都有蟠桃的分布，但多数品种集中于长江流域，故纳入南方品种群。果实扁平，两端凹入，成熟时果皮易剥离，大多粘核，果核纵扁形。果肉多数呈白色，偶见黄色，果肉柔软多汁，味甜。本系品种多为冬季短低温型，可作南部地区桃育种原始材料。代表品种有'百芒桃''伞花红蟠桃''陈圃蟠桃'等。

3. 黄肉桃品种群

主要分布在西北、西南等地，华北、华东也有

图78 '太仓水蜜桃'结果情况（李好先 供图）

图79 '太仓水蜜桃'结果枝（李好先 供图）

图80 '太仓水蜜桃'果实（李好先 供图）

图81 '太仓水蜜桃'果实切面（李好先 供图）

图82 '太仓水蜜桃'叶片（李好先 供图）

栽培。

主要特点：树势旺盛，树冠较直立，果实圆或长圆形，皮和肉均呈金黄色，肉质紧密，适于加工制作罐头，如'黄粘核'等。最适制作罐头的品种要求果肉肉块大，肉橙黄或金黄色，果肉及近核处无红色，耐煮。

4. 蟠桃品种群

在江苏省、浙江省一带栽培比较多。

主要特点：树冠开张，枝条短而密，复花芽多，以夏花芽结果为主，果实扁圆形，从两端凹入，多为白肉，柔软多汁，甜味重，品质佳。如'白芒蟠桃'等。此外，西北地区也有栽培，并且有黄肉蟠桃。

5. 油桃品种群

主要分布在新疆维吾尔自治区、甘肃省等地。

主要特点：果皮光滑无毛，肉紧密，多黄肉，离核或半离核，多汁，味酸。如'中油4号''中油5号''曙光'等。

二 桃的主要生态分布区

根据各地生态条件、桃分布现状及其栽培特点，可将我国划分为5个桃适宜栽培区：华北平原桃区、长江流域桃区、云贵高原桃区、西北干旱桃区、青藏高寒桃区；以及2个次适宜栽培区：东北高寒桃区、华南亚热带桃区（赵锦彪等，2013）。

1. 华北平原桃区

该区位于秦岭淮河以北，地域辽阔，包括北京、天津、河北、辽宁南部、山东、山西、河南、江苏和安徽北部，年平均气温10～15℃，无霜期200天左右，降水量700～900mm。根据气候条件差异，又可分为大陆性桃亚区（北京、河北石家庄、山东泰安等地）、暖温带桃亚区（山东菏泽、临沂，河南郑州、开封、周口，河北秦皇岛，山东烟台、青岛、临沂等地)，该区是我国桃最适栽培区域，各种类型桃（普通桃、油桃、蟠桃等）都可正常生长，各个成熟期品种都有，陆地栽培鲜果供应期长达6个多月。蜜桃及北方硬肉桃主要分布于该区，著名地方品种有'肥城桃''深州蜜桃''青州蜜桃'等。该区域是我国桃的主产区，可发展水蜜桃、油桃、蟠桃和加工黄桃；但要注意适度发展，尤其是中、晚熟优质品种，可加大加工黄桃发展力度。

2. 长江流域桃区

该区位于长江两岸，包括江苏省、安徽省南部、浙江省、上海市、江西省和湖南省北部、湖北省大部及成都平原、汉中盆地，处于温暖带与亚热带的过渡地带，雨量充沛，年降水量在1000mm以上，土壤地下水位高，年平均气温14～15℃，生长期长，无霜期250～300天。该区桃树栽培面积大，是我国南方桃树的主要生产基地。该区夏季温热，适于南方品种群的生长，尤以水蜜桃久负盛名，如'奉化玉露''白花水蜜''上海水蜜''白凤'等。江浙一带的蟠桃更是桃中珍品，素以柔软多汁、口味芳香而著称。该区域以发展优质普通桃、蟠桃为主，可适当发展早熟油桃，但需注重品种的选择。

3. 西北干旱桃区

该区位于我国西北部，包括新疆维吾尔自治区、陕西省、甘肃省、宁夏回族自治区等地是桃的原产地。海拔较高，属大陆性气候的高原地带。季节分明，光照充足，气候变化剧烈。年降水量少（250mm左右），空气干燥。夏季高温，冬季寒冷，绝对最低气温常在-20℃以下。生长季节短，无霜期150天以上。晚霜在4月中旬至5月中旬，有时正逢花期，易造成霜害。桃在该区适应性强，分布甚广，尤以陕西省、甘肃省最为普遍，各县均有栽培。我国著名的黄桃多集中在此，如'渭南甜桃''庄里白沙桃''临泽紫桃''张掖白桃''兰州迟水桃'，12月成熟，极耐贮运。西北高旱桃区总的情况较为复杂，甘肃省、陕西省渭北和新疆维吾尔自治区南疆等地，是绝好的普通桃、油桃生产基地；新疆维吾尔自治区具有种植蟠桃的良好传统。在发展的同时主要考虑贮运问题。

4. 云贵高原桃区

该区包括云南省、贵州省和四川省的西南部，纬度低，海拔高，形成立体垂直气候。夏季冷凉多雨，7月份平均温度在25℃以下；冬季温暖干旱（在1℃以上），年降水量约1000mm。桃树在该区多栽培于海拔1500m左右的山坡上。以云南分布较广，呈贡区、晋宁县、宜良县、宣威市、蒙自市为集中产区。呈贡区还是我国西南黄桃的主要分布区，著名品种有'呈贡黄离核''大金旦''黄心桃''黄锦胡''泸香桃'等。该地区以发展优质水蜜桃和蟠桃为主，可适当发展不裂果的早熟油桃品种，应限制发展中、晚熟油桃品种。

5. 青藏高寒桃区

该区包括西藏自治区、青海省大部、四川省西部，为高寒地带，海拔多在3000m以上，地势高，气温低，降水量少，气候干燥。桃树栽植于海拔2600m以下的高原地带，以硬肉桃居多，如'六月经早桃''青桃'等。在西藏自治区东部及四川省木里地区，野生'光核桃'甚多，也有成片种植，可供生食或制干。

6. 东北寒地桃区

该区位于北纬41°以北，是我国最北的桃区。生长季节短，无霜期125～150天，气温和降水量虽能满足桃树生长结果的需要，但冬季漫长，气候严寒，绝对最低气温常在-30℃以下，并伴随干风，桃树易受冻害，影响产量，严重者树体被冻死，栽培甚少。只有黑龙江省的海伦市、绥棱市、齐齐哈尔市、哈尔滨市，吉林省的通化市等地采用的匍匐栽培，覆土防寒，方能越冬。在延边市和延吉市、和龙市、珲春市一带分布有能耐严寒（-30℃）的'延边毛桃'，无需覆土防寒也能越冬。果形大、风味好的'珲春桃'，是抗寒育种的珍贵种质。高寒地区根据区域特点，重点发展早熟且适合保护地栽培的品种。

7. 华南亚热带桃区

该区位于北纬23°以北，长江流域以南，包括福建省、江西省、湖南省南部、广东省、广西壮族自治区北部。夏季温热，冬季温暖，属亚热带气候，年平均温度17～22℃，1月平均温度在4℃以上，降水量1500～2000mm，无霜期达300天以上。该区桃树栽培较少，一些需冷量低的品种可以生长，生产上以硬肉桃居多，如'砖冰桃''鹰嘴桃''南山甜桃'等。华南亚热带桃区栽培桃的限制因子是冬季低温不足，多数品种的需冷量不能满足需要，该区宜发展短低温桃、油桃品种。

三 桃地方品种优势栽培区

在我国，桃栽培历史悠久，栽培面积大，产量较高的有山东、河北、河南、湖北、山西、陕西、江苏等省，栽培面积占67%左右，产量占60%以上。

1. 山东省桃地方品种分布区

山东省栽培桃树的历史近3000年。最早的记载于《夏小正》及《山海经》，有"六月煮桃"和"孟子之山，其木多桃李"的说法。到南北朝时期，桃树生产进步了很多，贾思勰所著的《齐民要术》（约533—544）中对桃树的品种类型、形态性状、繁殖方法、栽植技术、耕作方式和果实加工等方面，都进行了详细的总结性记述，有些技术如中耕除草、松土保墒、老树更新、实生繁殖方法以及嫁接技术等，至今还在生产上有应用。从明朝开始，桃成为山东省各州府县的重要物产，山东省著名的'青州蜜桃'始于明朝中叶，而另一特产，著名的'肥城佛桃'则出现在清代中叶。到现在为止，山东省几乎每个县、市、区都有桃树栽培，并且形成了众多的享誉中外的著名品种，诸如'肥城佛桃''青州蜜桃''安丘蜜桃''青岛寒露蜜桃''历城玉龙雪桃''临沂黄肉桃'等。

山东省的气候属于暖温带季风气候类型，集中降水，雨热同季，春秋短暂，冬夏较长。年平均气温11～14℃，山东省东西地区气温差异大于南北地区。全年无霜期由东北沿海向西南递增，鲁北和胶东一般为180天，鲁西南地区可达到220天。山东省的光照资源充足，光照时数年平均2290～2890小时，热量条件可以满足农作物一年两作的需要。

山东省的水资源主要来源于降水，多年平均降水量为676.5mm，多年平均天然径流量为222.9亿m³，多年平均地下水资源量为152.6亿m³，扣除重复计算多年平均淡水资源总量为305.8亿m³。另外，黄河多年平均入境水量为385.8亿m³，90年代因干旱入境水量减少为222亿m³。年平均降水量550～950mm，由东南向西北递减。降水季节的分布极不均衡，降水主要集中于夏季，约占全年的60%～70%，形成涝灾容易，冬、春及晚秋则易发生干旱现象，对于桃的生长有一定的影响。

全省已基本形成了以临沂市、泰安市为中心的鲁中南桃产区，以潍坊市、淄博市为中心的鲁中桃产区，以青岛市为中心的胶东半岛桃产区。鲁中南桃产区是如今山东省最大的桃产区，京沪、京福高速公路的全线贯通对这一地区的桃树生产起到了很大的促进作用。这一桃产区除临沂市、泰安市以外还包括莱芜市，这三市的桃树栽培面积占全省的

46.9%，产量占54.5%，仅临沂市的栽培面积和产量就占到全省的37.1%和46.4%，桃是当地的第一大栽培果树；胶东半岛桃产区包括青岛、烟台、威海三市，其面积和产量约占全省的7.4%和6.0%。鲁中桃产区主要包括潍坊市和淄博市，面积和产量约占全省的18.3%和18.7%。三个桃集中产区的面积和产量分别占全省桃树总面积和总产量的72.6%和79.2%。山东省的桃经过3000年的栽培与选育，形成了独特的桃种质资源，主要地方品种有'大佛桃''玉皇山桃17号''红里大佛桃''肥城桃''曹家沟村桃1号''曹家沟村桃2号'等（孔庆信，2007）。

2. 河北省桃地方品种分布区

从生态学和气候学上来看，河北省是全球优质桃产区之一。

河北省属温带大陆性季风气候，大部分地区四季分明。年日照时数约为2303小时，年无霜期81～204天；年平均降水量484.5mm，降水量分布特点为东南多，西北少；1月平均气温在3℃以下，7月平均气温18～27℃，四季分明。而最适于桃和油桃的生长条件是：生长期（4～9月）降水量为600mm以下，果实成熟期（6～9月）降水量在250mm以下，5～9月光照时长达1000小时。依据这个条件，河北省大部分地区都是优质桃栽培的理想区域。

河北省气候条件的优越性，决定了各种类型的桃都能在河北省生长良好。多年试验表明，南方各省的桃品种引入河北省后均有很好的适应性，而且有的栽培表现优于培育地。从日本和韩国引入的品种，在河北省各地生长结果正常；从欧美引入的品种，有些在河北省中南部表现最好，有些在北部表现好。从品种类型上讲，普通桃、油桃和蟠桃在河北省均有适宜的栽培环境，这就决定了河北省桃品种类型的多样化。河北省桃的主要地方品种有'楼房村桃1号''楼房村桃2号'等（马之胜等，2005）。

3. 河南省地方桃品种分布区

河南省属暖温带至亚热带、湿润至半湿润季风气候。全省一般气候特点是春季干燥大风多、夏季炎热雨丰沛、秋季晴和日照足、冬季寒冷雨雪少。全省多年平均气温一般稳定在12～16℃，1月-3～3℃，7月24～29℃，全省气温大体呈现东高西低、南高北低的特点，山地与平原间差异比较明显，气温年较

差、日较差均较大，极端最低气温-21.7℃（1951年1月12日，安阳）；极端最高气温44.2℃（1966年6月20日，洛阳）。全年无霜期从北往南约180～240天。年平均降水量500～900mm，南部及西部山区降水较多，大别山区可达1100mm以上。全省全年降水量约50%集中在夏季。

河南省位于黄淮河主产区，以早熟品种优势兼供南北两个市场，生产成本较低，果实质量较好，具有明显区位优势。初步统计，现有桃结果面积5.1万hm²，年产量110万t，主要栽培地区包括周口1万hm²，安阳0.67万hm²，商丘、南阳各0.53万hm²，新乡、焦作、三门峡、平顶山0.27万～0.40万hm²。主栽品种主要有'砂子早生''仓方早生''松森早生''沙红''春雪''朱砂红''大久保'等水蜜桃及'曙光''中农金辉'等油桃品种。

4. 西藏自治区桃地方品种分布区

西藏自治区是青藏高原的主体，面积122万km²，平均海拔4000m以上，有着独特的自然生态和地理环境，素有"世界屋脊"和"地球第三极"之称。这里地势高峻，地理特殊，野生动植物资源、水资源丰富。西藏自治区的气候自东南向西北由暖热湿润向寒冷干旱呈递次过渡，自然生态由森林、灌丛、草甸、草原到荒漠呈带状更迭，复杂多样的地形地貌和特殊的生态系统类型，为生物多样性营造了天然乐园。这里不仅是南亚、东南亚地区的"江河源"和"生态源"，而且还是中国乃至东半球气候的"启动器"和"调节区"。林芝地区位于西藏自治区的东南部，雅鲁藏布江中下游，东靠云南省和昌都市的左贡县、八宿县，西接山南地区的加查县、曲松县、隆子县及拉萨市的墨竹工卡县，北与昌都的洛隆县、边坝县及那曲的嘉黎县相连，南邻缅甸、印度。地理坐标为东经92°9'～98°18'、北纬27°32'～30°40'。境内东西长646.7km，南北宽353.2km。

光核桃具有适应性强、耐旱、耐寒、耐瘠、抗病、长寿、结果力强等优良特性，是极宝贵的资源，经济利用价值较高。目前多处于野生、半野生状态，且逐渐老化。光核桃作为西藏自治区和四川省阿坝藏族自治州木里藏族自治县、云南省部分地区特有植物，大部分生于气候温暖、水分条件较好的山区，其分布区下界与居民区和农耕地相临接，人为破坏比较严重，加之土壤类型的限制，其分布面积不断缩小。光核桃树姿优美，花色艳丽，是著名的庭院绿化和野果树种，具有良好的净化空气、防止污染的作用，已经成为城市绿化的首选树种。光核桃生态系统具有其独特性。此外，光核桃的分布多位于低山地区，毗邻农耕区，采伐时有发生，对保护区周边森林的天然更新造成了一定的影响。近年来，光核桃种苗的极度稀少，加之嫁接易种成为了主流，这导致对光核桃资源的破坏加剧。

光核桃生长于海拔2500～3600m。在东经91°50'～98°48'、北纬31°10'～29°58'之间的20个县境内均有分布，其中尤以雅鲁藏布江下游及其支流尼洋河及帕隆藏布江流域最为集中（林芝地区境内）。其生态条件为：年平均气温一般6～14℃左右。最冷月（1月）平均气温-2.7℃，最热月（7月）平均气温为18～19℃，绝对极端气温为-12℃以下；绝对极端高气温31℃以上，主要生长在棕色森林土及高山灌丛、高山耕种草甸土等，土壤土质多为砂壤、轻砂壤或壤土。pH6.4～7.5。生境属于半干旱至半湿润类型。本次采样地调查的海拔分布范围主要在2800～3590m。种群呈连续分布，分布范围大，资源量大。根据实地调查，结合卫星地理图片及其分布海拔范围，初步估算林芝地区光核桃的分布面积约为0.10万～0.13万hm²，整个林芝地区共有光核桃植株约14万株，丰年果实产量可估算为6800～9547t（钟政昌，2008）。

5. 甘肃桃地方品种分布区

甘肃省位于我国西北部，地理位置在东经92°12'～108°46'、北纬32°31'～42°57'，是一条由东南向西北的锚形地带。东临陕西省，南与四川省接壤，西与新疆维吾尔自治区、青海省相邻，北与内蒙古自治区交接，东北与宁夏回族自治区连接，地跨黄河、长江、内陆河三大流域，为黄土高原、蒙新高原和青藏高原的交错地带。境内河谷纵横，山峦重叠，海拔高550～5803m，高山、盆地、平川、沙漠和戈壁等兼而有之，从东南到西北包括了北亚热带湿润区到高寒区、干旱区的各种气候类型。

气候干燥，温差较大，光照充足，太阳辐射强。年平均气温在0～14℃，由东南向西北降低。河西走廊年平均气温4～9℃，祁连山区为0～6℃，陇中和陇东分别为5～9℃和7～10℃，甘南为1～7℃，陇南为9～15℃。年平均降水量391.3mm，降水各地差异很大，在42～760mm之间，自东南向西北减少，降水各季分配不均主要集中在7～9月。光照充足，光能资源丰富，年平均日照时数2487.5小时，自东南向西北增多。河西走廊年日照时数2800～3300小时，是日照时数最多的地区；陇南为1800～2300小时，是日照最少的地区；陇中、陇东和甘南为2100～2700小时。虽然气候干燥，气象灾害比较严重，但干旱气候区丰富的光能热量、风力资源、大气成分资源等气候资源，是可再生利用的。可以根据甘肃省气候资源的分布状况，开展气候资源的分区规划，并根据各区的气候特点进行开发利用。'紫胭桃'又名'李广桃'，为甘肃省稀有的桃品种。因此桃颜色紫红中含绿，呈胭脂色而得名（徐宝利，2006）。

四 桃地方品种次主要分布区

1. 广西壮族自治区桃地方品种分布区

广西壮族自治区的地理条件复杂，气候条件多样。海拔500m以上的山地达12.73万km²，占整个广西壮族自治区土地面积的53.7%。北回归线以南土地，达11.4万km²，属于南亚热带区域，占广西壮族自治区土地总面积的48%，占全国亚热带区面积近25%。

广西壮族自治区的气候温暖，热量丰富。各地年平均气温16.0～23.0℃，等温线基本上呈纬向分布，气温由北向南递增，由河谷平原向丘陵山区递减。各地累年极端最高气温为33.7～42.5℃，累年最低气温为-8.4～2.9℃。日平均气温≥10℃积温（下称≥10℃积温）是表示喜温作物生长期能够利用的热量资源。广西壮族自治区各地≥10℃的积温5000～8000℃，是全国最高积温省区之一。广西壮族自治区是中国降水量最丰富地区之一，各地年降水量均在1070mm以上，大部分地区为1500～2000mm。其地域分布特点：东部多，西部少；丘陵山区多，河谷平原少；夏季迎风坡多，背风坡少。而高海拔山区特别是桂西、桂西北山区全年降水量1100～1600mm，春季降水量少，有利于开花坐果；小于7.2℃的低温时数为400～1000小时，能满足中、低需冷量桃品种冬季低温休眠需求，开花坐果正常。广西高海拔地区特别是北回归线以南的南亚热带高海拔地区具有得天独厚的气候优势，春季温暖，物候期较桂北地区早10～15天，夏季气候冷凉，日照时间长，太阳辐射强，昼夜温差大，有利于桃营养成分积累。栽培的桃具有早熟、着色好、品质佳等特点。

2010年，桂林市桃种植面积已达11147hm²，产量9.2万t。主产县灵川县已达2933hm²，主要栽培品种为'中油4号''中油5号''中油7号''天津水蜜桃'等优质鲜食品种，每667m²产值8000～10000元，桃已成为当地农民脱贫致富的支柱产业。但目前桂林市桃品种单一、肉质柔软、不耐贮运，销售期间易造成损耗，商品率低（万保雄等，2012）。

2. 江苏省桃地方品种分布区

江苏省属于温带向亚热带的过渡性气候，气候温和，雨量适中，四季气候分明，以淮河、苏北灌溉总渠一线为界，以北属暖温带湿润、半湿润季风气候，以南属亚热带湿润季风气候。新沂市、邳州市、镇江市、南京市等地种植了优质油桃品种，无锡市、张家港市、句容市等发展了优质水蜜桃基地，盐城市桃的产量和面积都位于江苏省前列。

盐城市地势平坦，大部分地区海拔不足5m，最大相对高度不足8m，北部最高海拔8.5m，海拔最低处仅0.7m。土壤有沼泽土类、水稻田土类、潮土类和盐土类等四类，以潮土、水稻田土为主，土壤总体质量较好，桃区土壤为黏质壤土或砂壤土，土壤有机质含量为1.2%～1.4%。盐城境内河流众多，水网密布，有一定的调蓄能力，基本可满足桃树生产需要。沿海滩涂年降水65.7亿m³，丰水年利用率为7%左右，枯水年为20%左右；年平均地表径流深272.1mm，时空分布不均，年内分布主要集中在汛期（6～9月份），占全年的50%，年利用率为50%左右（吴祥，2009）。

热带向南温暖温带气候过渡区，受海洋影响，春季温度低且回升迟，秋季气温下降缓慢且秋温高于春温；气候温和，平均气温13.7～14.4℃，年积温4580～5300℃，1月平均气温1～2℃，7月平均气温28～29℃；雨水丰沛，年降水日100～115天，年平均降水量900～1066mm，降水集中期在6～9月，其中7月最多，达197～282mm；四季分明，日照充足，年平均日照时数2241～2390小时；年无霜期长达216～252天；全年太阳辐射总量为5000～5850MJ/m²。盐城桃品种主要有'霞晖6号''紫金红1号''红蟠桃''金山早红'等。

3. 浙江省桃地方品种分布区

浙江省位于我国东部沿海，处于欧亚大陆与西北太平洋的过渡地带，该地带属典型的亚热带季风气候区。浙江省大陆总面积10.18万km²，境内地形起伏较大，浙江省西南、西北部地区群山峻岭，中部、东南地区以丘陵和盆地为主，东北地区地势较低，以平原为主；全省大陆面积中，山地丘陵占70.4%，平原占23.2%，河流湖泊占6.4%。浙江海岸线全长2253.7km，沿海共有2161个岛屿，浅海大陆架22.27万km²。受东亚季风影响，浙江省夏盛行风向有显著变化，降水有明显的季节变化。由于浙江省位于中、低纬度的沿海过渡地带，加之地形起伏较大，同时受西风带和东风带天气系统的双重影响，各种气象灾害频繁发生，是我国受台风、暴雨、干旱、寒潮、大风、冰雹、冻害、龙卷风等灾害影响最严重地区之一。

浙江省气候总的特点是季风显著，四季分明，年气温适中，光照较多，雨量丰沛，空气湿润，雨热季节变化同步，气候资源配置多样，气象灾害繁多。浙江年平均气温15~18℃，极端最高气温33~43℃，极端最低气温-2.2~-17.4℃；全省年平均降水量980~2000mm，年平均日照时数1710~2100小时。

桃集中在浙北地区，主要分布在宁波、奉化、杭州市郊、嘉兴、嘉善、金华、富阳、萧山、湖州、舟山、余姚、慈溪、诸暨等地。奉化市位于东经121°03'~121°46'、北纬29°24'~29°47'，位于浙江省东部沿海，宁波市区南面。奉化市溪口水蜜桃研究所从20世纪80~90年代开始重视桃资源的收集和选育工作，目前从国外收集到的品种资源以及自己经过培育得到的水蜜桃品种和优系达到100多个。奉化市桃产区盛产的'玉露'桃，果形美观，肉质细软，汁多味甜，皮韧易剥，入口即溶，香气浓郁，使人回味无穷，有"琼浆玉露、瑶池珍品"的美称。被誉为"琼浆玉液"之称的'奉化玉露'随着栽培历史的延伸，退化现象明显，如进入盛果期后树势易衰、易患流胶病和缺素症，导致果形偏小，外观色泽欠佳。品种退化、果实品质下降及其不耐贮运的特性都严重影响了水蜜桃的销售和生产效益，急需选育新品种。新品种的选育一般需要进行优良种质资源的收集和评价、亲本组合的选配和杂交、杂种后代选择和优良单株（新品种）的鉴定四个阶段，首要的是对优良种质资源的收集和评价（宋丽娟，2008）。

第五节
桃地方品种的鉴定分析

一 桃种质资源的鉴定评价

在进行桃种质资源收集保存的同时，各地开展了资源性状的鉴定评价工作。南京、郑州、北京国家桃种质资源圃对保存的桃资源进行了果重、果形、果色、硬度、质地、风味、可溶性固形物含量、可溶性糖、可滴定酸、维生素C含量等果实品质性状，树性、枝、芽、叶等农艺性状及丰产性的鉴定评价，并进行了统一编目。王力荣对300余份桃品种资源进行了需冷量测定，系统地提出不同生态群、品种群与需冷量的关系，筛选出一些低需冷量的品种，并对需冷量进行了遗传力估算。近年来，随着工作的深入，国内外研究人员更加注重了对资源抗病性、抗虫性、抗寒性、抗涝性等的评价。Liverai A. 对48个桃品种及338个实生单株人工接种褐腐病菌进行抗性鉴定，发现一个较抗褐腐病的基因型。Rosell G. 评价了1103份桃种质对缩叶病的抗性，结果有6个品种较抗病，但未发现免疫品种。对桃流胶病进行抗性鉴定，Daniel、Okie认为'哈布雷特''伊格丽贝克'高抗，赵密珍、赵忠仁认为'天津水蜜''白沙''皱叶黄露''大红花''白花'较抗病。朱瑞净、王力荣通过对桃属5个种6个变种近500份材料的观察鉴定，发现'寿星桃1号''甘肃桃1号'对南方根结线虫免疫，并进行了遗传评价；西北桃耐旱耐寒，山桃抗蚜虫能力强，甘肃桃抗性最弱，并筛选出了15份抗性资源；不同类群桃果实受黄斑椿象的危害程度由重到轻依次为：油桃→蟠桃→黄桃→白桃→观赏桃→寿星桃。这些工作为我国桃品种资源的丰富和品种改良提供了参考（俞明亮，2016）。

桃种质资源的鉴定评价工作，主要由3个国家级桃种质资源圃有计划、系统地进行。先后以1973年"桃原始材料研究方法"、1979年"桃原始材料观察方法"、1990年《果树种质资源描述符》和2005年《桃种质资源描述规范和数据标准》为依据，开展桃种质资源的性状鉴定与评价。1990年《果树种质资源描述符》总共有139个描述符，分基本情况和性状描述两部分。2005年《桃种质资源描述规范和数据标准》总共有151个描述符。包括基本信息描述符30个，形态学特征和生物学特性描述符91个，品质特性描符17个，抗逆性描述符4个（耐寒性、耐涝性、耐弱光、需冷量），抗病虫性描述符5个（桃蚜抗性、茶翅蝽抗性、南方根结线虫抗性、根癌病抗性、流胶病抗性），其他特征特性描述符4个（花粉粒、分子标记、染色体核型、备注），划分为必选性状（33个），可选性状（104个），条件性状（14个）。

"十五"以来，在国家科技基础条件平台项目的支持下，根据2005年版的描述规范，对保存的种质进行了数据整理与整合。至2008年年底共整理录入58784个共性数据，115905个特性数据，为资源的共享利用提供了基本信息，这些数据信息可以在国家自然科技资源平台网上查询（许淑芳，2012）。

二 桃地方品种资源遗传多样性分析

我国桃种质资源丰富，分布广泛。加强对种质资源的收集和保护，既是对优良基因的一种保护，又是种质资源创新的前提。通常地方品种对自生境有着较强的适应性，含有更多优良基因。然而，地方品种分布较散，往往不被研究者重视，国内尚未有专门单位对地方品种进行收集。一方面，优良的地方品种资源往往分布在山地、丘陵区，收集难度大。另一方面，需专门资源圃对所收集的地方品种进行斟酌鉴定和分类保存，人力、物力成本高。本书旨在收集分布全国各地的地方品种资源，对地方品种资源进行分子标记遗传多样性分析，为地方品种资源的保存和利用提供工作基础。

1. 分子标记技术的特点

分子标记技术是继形态标记、细胞标记和生化标记后出现的一种新技术手段，以DNA多态性为基础，与上述其他标记手段相比，它具有很好的优越性。分子标记技术主要有以下几个优点：①直接以DNA的形式表现，不受季节和环境的影响，在生物体的各个组织和发育阶段都可以检测到；②遍布于整个基因组，数量极其丰富；③自然界中存在大量的变异，多态性高；④表现为中性，不会影响到目标性状的表达；⑤有些标记表现为共显性，能区分出纯合体与杂合体。在果树的育种工作中，分子标记可用于研究果树种质资源的亲缘关系鉴定、遗传多样性分析和分子标记辅助育种等。目前常用的分子标记有RFLP、RAPD、AFLP、SSR等。其中，SSR也称为微卫星（Microsatellite），是一类以1~6个碱基为重复单位串联组成的重复序列。SSR标记基于重复单位的次数不同或者重复程度不完全相同，造成了SSR长度的高度变异性，从而产生SSR标记。

其优点如下：①数量丰富，覆盖整个基因组，信息含量高；②具有多等位基因的特性，多态性高；③共显性表达，呈现孟德尔遗传；④试验所需要的DNA量较少；⑤位点的重现性和特异性好；⑥成本低廉，稳定性好，可用于大量群体分类。

而其最主要的缺点是需要预先知道标记两端的序列信息。SSR标记由于具有以上几种优点已广泛应用于植物遗传研究和育种实践中。

2. SSR标记与遗传多样性分析

基于已发表的NCBI公共数据库中桃属的EST（Expressed sequence tag，表达序列标签）开发的SSR（Simple sequence repeat，简单重复序列）分子标记，对包含地方品种在内的40份桃资源（表5）进行遗传多样性分析。采用的SSR标记信息（表6）（俞明亮等，2007；陈巍，2007）。

基于SSR标记的40份桃农家资源品种遗传多样性分析（图83）。分析结果表明，所用标记可以有效地将40份桃资源区分开，可以分为2个亚群，分别记

作Q1和Q2。其中，Q1包含21个品种，Q2包含19个品种。表明这些材料之间存在着显著的遗传差异。另外，各材料间的遗传距离值低于0.15，这与标记数目较少、覆盖精度不够有关。开发高通量的分子标记是深入研究桃地方品种资源遗传变异，揭示更多的遗传信息的必由之路。总之，地方品种资源材料是对现有桃资源品种的有效补充。本研究首次采用分子标记技术对桃地方品种资源进行了遗传多样性分析，该研究表明桃地方品种资源有较高的利用价值，有可能成为桃新品种选育及遗传研究的宝贵资源。

此次桃地方品种的收集，历时5年，足迹遍布全国的主要桃分布区，共调查桃地方品种资源200余份，收集桃优异种质资源83份，这些地方品种经历了大自然多年的风吹雨打，调查时仍枝繁叶茂，它们大都分布在房前屋后、田间、路边等地带，处于无人或较少管理的状态，但丰产性、抗病性都很好，是经历自然筛选出来的优异资源，含有特异的基因信息。有些资源已经得到当地农户的繁育推广，产生了较好的经济效益，有的稍加选育，即可推广应用。但由于修路、盖房、自然灾害等不可抗拒的因素影响，它们也面临消亡的危险。所以通过此次调查摸底，并对部分资源进行收集、保存，对于提高我国桃地方品种资源的认识和利用提供较好的途径。

表5　40份桃地方品种资源汇总

品种编号	品种名称	品种编号	品种名称
P1	'桃某种3'	P21	'四川毛桃'
P2	'翟营桃3号'	P22	'北车营桃4号'
P3	'野鸡红桃'	P23	'秋蟠桃'
P4	'红里大佛桃'	P24	'胭脂红桃'
P5	'上屯里龙黄蜡桃'	P25	'青色熟桃'
P6	'香桃'	P26	'009桃'
P7	'早熟桃'	P27	'平顶秋桃'
P8	'寿星桃'	P28	'小甜桃2号'
P9	'庆阳桃'	P29	'粉姑娘桃'
P10	'十槽沟毛桃'	P30	'里外红桃'
P11	'小背嘴桃'	P31	'开口笑桃'
P12	'南城桃6号'	P32	'酸倒牙桃'
P13	'甜二伏桃'	P33	'秋白桃'
P14	'房山桃'	P34	'秋红脸桃'
P15	'大东桃'	P35	'红尖嘴桃'
P16	'瓜草地1号桃'	P36	'北京-27桃'
P17	'小甜桃1号'	P37	'甜秋桃'
P18	'大河道毛桃'	P38	'甜二伏桃'
P19	'冬夏庄毛桃'	P39	'红心桃'
P20	'楼房村毛桃'	P40	'红半脸桃'

表6 SSR标记引物信息

引物名称	引物序列5'-3'	引物名称	引物序列5'-3'
M01F	AACCCTACTGGTTCCTCAGCGAC	M32F	TCCCATAACCAAAAAAAACACC
M01R	CAGTCCTTTAGTTGGAGC	M32R	TGGAGAAGGGTGGGTACTTG
M02F	GTAACGCTCGCTACCACAAACCT	M33F	GCTGATGGGTTTATGGTTTTC
M02R	GCATATCACCACCCAG	M33R	CGGACTCTTATCCTCTATCAACA
M03F	GAGCAGTTCATAAGTTGGAACAA	M34F	AGGGAAAGTTTCTGCTGCAC
M03R	CGATAAAGATTTTGACTGCATGA	M34R	GCTGAAGACGACGATGATGA
M04F	CGTGGATGGTCAAGATGCATTGAC	M35F	CAGGGAAATAGATAAGATG
M04R	GTGGACTTACAGGTG	M35R	TCTAATGGTGGTGTTCATT
M05F	AGACGCAGCACCCAAACTACCAT	M36F	CCCAATGAACAACTGCAT
M05R	TACATCACCGCCAACAA	M36R	CATATCAATCACTGGGATG
M06F	CTGCAGAACACTACTGAGCTTTG	M37F	GTTACACCTCTGTCACA
M06R	CAACCACCAGC	M37R	CTTGGCTGGCATTCCTA
M07F	AATTCCCAAAGGATGTGTATGAG	M38F	AGGGTCGTCTCTTTGAC
M07R	CAGGTGAATGAGCCAAAGC	M38R	CTTCGTTTCAAGGCCTG
M08F	GGAGCTGCAATATTGCTGGTTAGG	M39F	GGTCACGCATCCTTTCATTT
M08R	GAAGCATCTCAC	M39R	GACACCTCCATTTGTATCAAAGC
M09F	TTGTACACACCCTCAGCCTGTGC	M40F	AAGCAATAAAACCAGCAGCAA
M09R	TGAGGTTCAGGTGAGTG	M40R	TTGAGGCCCACTTATTAGCC
M10F	ATTCGGGTCGAACTCCCTACGAGC	M41F	CGACACTTAGCTAGAAGTTGCCTTA
M10R	ACTAGAGTAACCCTCTC	M41R	TCAAGCTCAAGGTACCAGCA
M11F	ATGGAAGGGAAGAGAAATCGGTC	M42F	ATGCACTCAAGTGGCAAGC
M11R	ATCTCAGTCAACTTTTCCG	M42R	GGTTTTTGACAAAGATGCAC
M12F	TGCAGCTCATTACCTTTTGCAGA	M43F	GAAGCACAAGTTGGTGCAAA
M12R	TGTGCTCGTAGTTCGGAC	M43R	GCACAACATGGACCAAATGA
M13F	CATGAACTCTACTCTCCATGGTAT	M44F	AATTGCATCACAGCAAGAGC
M13R	GGACTCACCAAC	M44R	GGGGGTTTGGTTAAGATCG
M14F	CAATATAAACTTTTCTCCTCAACCC	M45F	GCCAGGAGGCTTTAACCTGT
M14R	ACCACCACCCAGTCAAACC	M45R	TCAGACCCCCTTTCATCATC
M15F	TAAGAGGATCATTTTTGCCTTGCCC	M46F	ATTCTTCACTACACGTGCACG
M15R	TGGAGGACTGAGGGT	M46R	CCCCAGACATACTGTGGCTT
M16F	TTAAGAGTTTGTGATGGGAACC	M47F	AGCGGCAGGCTAAATATCAA
M16R	AAGCATAATTAGCATAACCAAGC	M47R	AATCGCCGATCAAAGCAAC
M17F	GGTCAGTCAGGGTATTCTTTAA7	M48F	GCTTGTGGCATGGAAGC
M17R	TAGTATAATGGAATGTTGG	M48R	CCCTGTTTCTCATAGAACTCACAT
M18F	ATGGTGTGTATGGACATGATGACCT	M49F	TCATTGCTCGTCATCAGC
M18R	CAACCTAAGACACCTTCACT	M49R	CAGATTTCTGAAGTTAGCGGTA
M19F	TGGAGTGCCAATACTATTTACAT	M50F	ATGGTGTGTATGGACATGATGA
M19R	ATGCATGGTTATGGT	M50R	CCTCAACCTAAGACACCTTCACT
M20F	TGAATATTGTTCCTCAATTCCTCTAG	M51F	TCTGAGGGCTAGAGTGGGC
M20R	GCAAGAGATGAGA	M51R	TGTTTCAGGAGTCGAACAGC
M21F	TCGGTTTTTAAAATTCCAAAAGTT	M52F	TTGTCTGCCTCTCATCTTAACC
M21R	ACCCTTATTTGCACCCAACA	M52R	CATCGCAGAGAACTGAGAGC
M22F	TCAGCAAACTAGAAACAAACCTTG	M53F	GATTGAGAGATTGGGCTGC
M22R	CAATCTCGGTTGATGTT	M53R	GAGGATTCTCATGATTTGTGC
M23F	CAATTAGCTAGAGAGAATTATTG	M54F	TTAAGAGTTTGTGATGGGAACC
M23R	GACAAGAAGCAAGTAGTTTG	M54R	AAGCATAATTTAGCATAACCAAGC
M24F	AATTAACTCCAACAGCTCCAATG	M55F	CTCAACTGCTGTCCTCACTTC
M24R	GTTGCTTAATTCAATGG	M55R	CATGTCTGATCCTAACCCCA
M25F	CTACCCATTAGCCACCAAGCTCC	M56F	CGTGGATGGTCAAGATGC
M25R	CAATTCGTTGCAATCTT	M56R	ATTGACGTGGACTTACAGGTG
M26F	GCTGATGGGTTTTATGGTTTTCCGG	M57F	TGCAGCTCATTACCTTTTGC
M26R	ACTCTTATCCTCTATCAACA	M57R	AGATGTGCTCGTAGTTCGGAC
M27F	TTGCGTCTCGGCAGGTTATACTACCC	M58F	ATACCTTTGCCACTTGCG
M27R	CTGCCACAAGCT	M58R	TGAGTTGGAAGAAAACGTAACA
M28F	CTGGGGAGAAGAAGTGGCGCTTTC	M59F	TCAAGTTAGCTGAGGATCGC
M28R	ATGCCACCTCTCTA	M59R	GAGCTTGCCTATGAGAAGACC
M29F	ATCTTCACAACCCTAATGTC	M60F	CTACCTGAAATAAGCAGAGCCAT
M29R	GTTGAGGCAAAAGACTTCAAT	M60R	CAATGGAGAATGGGGTGC
M30F	TTGTACACACCCTCAGCCTG	M61F	CATGGAAGAGGATCAAGTGC
M30R	TGCTGAGGTTCAGGTGAGTG	M61R	CTTGAAGGTAGTGCCAAAGC
M31F	TTGGTCATGAGCTAAGAAAACA	M62F	CTGGCTTACAACTCGCAAGC
M31R	TAGTGGCACAGAGCAACACC	M62R	CGTCGACCAACTGAGACTCA

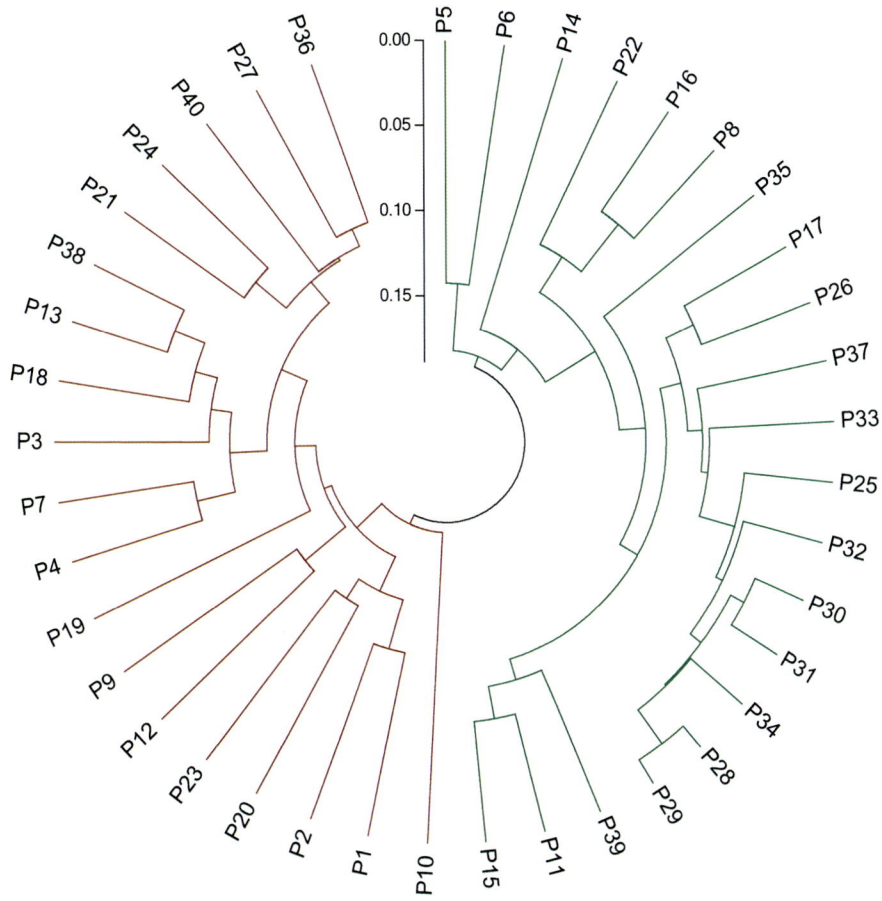

图83　40份桃资源遗传多样性分析

各论

西里大佛桃

Amygdalus persica L.'Xilidafotao'

○ 调查编号：YINYLCWY010

所属树种： 桃 *Amygdalus persica* L.

提 供 人： 陈文玉
电　　话： 13563822618
住　　址： 山东省泰安市肥城市桃园
镇西里村

调 查 人： 苑兆和、尹燕雷
电　　话： 0538 - 8334070
单　　位： 山东省果树研究所

调查地点： 山东省泰安市肥城市桃园
镇西里村

地理数据： GPS数据（海拔：112.4m，
经度：E116°39'33"，纬度：N36°08'59"）

样本类型： 果实、种子、叶片、枝条

生境信息

来源于当地，生于田间，地势平坦，该土地为耕地，土壤质地为砂壤土。种植年限10年，现存100株。

植物学信息

1. 植株情况

乔木，树势强，树姿开张；树高3.4m，冠幅东西4.5m、南北3.8m，干高10cm，干周50cm；主干灰色，树皮光滑不裂，枝条密。

2. 植物学特征

1年生枝绿棕色，无光泽，中等长度，节间2cm，较细，平均0.29cm；叶柄长1.4cm，本色，叶长18.4cm，宽3.4cm，叶片薄，绿色，叶缘锯齿圆钝，齿间有腺体；普通花形，粉红色（开花当日）。

3. 果实性状

果实大，圆形，纵径8.7cm，横径9.6cm，侧径7.8cm；平均果重450g，最大果重870g；果面浅黄色，色彩呈玫瑰红，部分有晕；缝合线不显著，两侧对称，果顶短尖，果肉厚3.1cm，浅绿，近核处玫瑰色，果肉质地松软，脆，纤维中，汁液多，风味酸甜，香味浓，品质极上，核中等大小，粘核，不裂；可溶性固形物含量15.5%。

4. 生物学习性

中心主干生长势强，侧枝一年平均长52cm，萌芽力强，生长势强，新梢一年平均长38.2cm；5年开始结果，7~8年进入盛果期，坐果力强，生理落果少，采前落果少，丰产，大小年不显著，盛果期单株产量75~100kg；萌芽期4月上旬，开花期4月上旬，果实采收期9月上旬，落叶期11月中旬。

品种评价

高产、抗病，果实可食用；主要病虫害有蚜虫、潜叶蛾等；对寒、旱、涝、瘠、盐、风、日灼等恶劣环境抵抗能力较强；用嫁接方法进行繁殖。

植株

花

红里大佛桃

Amygdalus persica L. 'Honglidafotao'

调查编号：YINYLCWY012

所属树种：桃 *Amygdalus persica* L.

提 供 人：陈文玉
电　　话：13563822618
住　　址：山东省泰安市肥城市桃园镇西里村

调 查 人：苑兆和、尹燕雷
电　　话：0538 - 8334070
单　　位：山东省果树研究所

调查地点：山东省泰安市肥城市桃园镇西里村

地理数据：GPS数据（海拔：97.5m，经度：E116°39'25"，纬度：N36°08'57"）

样本类型：果实、种子、叶片、枝条

生境信息

来源于当地，生于田间，地势平坦，该土地为耕地，土壤质地为砂壤土。种植年限10年，现存100株。

植物学信息

1. 植株情况

乔木，树势强，树姿开张；树高3.2m，冠幅东西8.7m、南北5.2m，干高32cm，干周30cm；主干灰色，树皮光滑不裂，枝条密。

2. 植物学特征

1年生枝绿色，无光泽，中等长度，节间1.7cm，较细，平均0.23cm；叶柄长1.6cm，本色，叶长16.8cm，宽2.5cm，叶片薄，叶色，叶缘锯齿圆钝，齿间有腺体；普通花形，粉红色（开花当日）。

3. 果实性状

果实大，圆形，纵径7.7cm，横径8cm，侧径6.4cm，平均果重469g，最大果重750g；果面乳黄色，色彩呈玫瑰红，部分有晕，缝合线极深，两侧对称；果顶尖圆，果肉厚2.8cm，白色，近核处红色，果肉质地致密，脆，纤维多，汁液多，风味酸甜，香味浓，品质极上，核中等大小，粘核，不裂；可溶性固形物含量14.9%。

4. 生物学习性

中心主干生长势强，侧枝一年平均长62.4cm，萌芽力强，生长势强，新梢一年平均长24cm；5年开始结果，7~8年进入盛果期，坐果力强，生理落果少，采前落果少，丰产，大小年不显著，盛果期单株产量75~100kg；萌芽期4月上旬，开花期4月上旬，果实采收期9月上旬，落叶期11月中旬。

品种评价

高产、抗病，果实可食用；主要病虫害有蚜虫、潜叶蛾等；对寒、旱、涝、瘠、盐、风、日灼等恶劣环境抵抗能力较强；用嫁接方法进行繁殖。

植株

花

植株及开花状

结果状

果实

肥城桃1号

Amygdalus persica L. 'Feichengtao 1'

调查编号：YINYLCWY049

所属树种：桃 *Amygdalus persica* L.

提 供 人：陈文玉
电　　话：13563822618
住　　址：山东省泰安市肥城市桃园
　　　　　镇西里村

调 查 人：尹燕雷
电　　话：0538－8334070
单　　位：山东省果树研究所

调查地点：山东省泰安市肥城市桃园
　　　　　镇肥桃研究所苗圃

地理数据：GPS数据（海拔：143m，
　　　　　经度：E116°46'10"，纬度：N36°10'17"）

样本类型：叶片

生境信息

来源于当地，生于田间，地势平坦，该土地为耕地，土壤质地为砂壤土。种植年限8～9年，现存100株。

植物学信息

1. 植株情况

乔木，树势强，树姿开张；树高2.4m，冠幅东西3.7m、南北4.2m，干高0.32m，干周35cm；主干灰色，树皮块状裂，枝条密集。

2. 植物学特征

1年生枝红色，无光泽，枝条短且细，节间平均长1.5～2.0cm，平均粗0.21cm；枝条上单芽占100%，结果枝上花芽中多，叶芽少，花芽肥大，芽顶端圆锥形，茸毛少；叶片长16～18cm，宽2.5～3.5cm，绿色；近叶基部无褶缩，叶缘锯齿圆钝，齿尖有腺体；叶柄短、中粗，长为1～2cm，本色。普通花形，粉红色（开花当日）。

3. 果实性状

果实圆形，纵径8.05cm，横径9.22cm；平均单果重300g，最大果重450g；果面玫瑰红色，部分有红晕，底色乳黄色；缝合线极深，两侧对称；果顶尖圆，顶洼中深，梗洼广且深，不皱；果肉白色，近核处红色，果肉各部成熟度一致，质地致密，肉脆，纤维多且粗，汁液多，风味酸甜，香味浓，品质极上；核中大，粘核，核不裂；果实可溶性固形物含量14.2%～15.4%。

4. 生物学习性

中心主干生长势强，骨干枝分枝角度80°；徒长枝中多，枝条萌芽力、发枝力强；1年生新梢平均长度41cm，生长势强；3年开始结果，7～8年进入盛果期；长果枝占2%，中果枝占4%，短果枝占90%，腋花芽结果占4%；全树下部坐果，坐果力强；生理落果、采前落果少，丰产，大小年不显著，单株平均产量（盛果期）150kg；萌芽期3月下旬，开花期4月上旬，果实成熟期9月上旬，落叶期11月中旬。

品种评价

高产、抗病，果实可食用；主要病虫害有蚜虫、潜叶蛾等；对寒、旱、涝、瘠、盐、风、日灼等恶劣环境抵抗能力较强；用嫁接方法进行繁殖。

植株

花

叶片

着果状

果实

玉皇山 17 号

Amygdalus persica L.'Yuhuangshan 17'

调查编号：YINYLCWY050

所属树种：桃 *Amygdalus persica* L.

提 供 人：陈文玉
电　　话：13563822618
住　　址：山东省泰安市肥城市桃园
　　　　　镇西里村

调 查 人：尹燕雷、冯立娟、杨雪梅
电　　话：0538－8334070
单　　位：山东省果树研究所

调查地点：山东省泰安市肥城市桃园
　　　　　镇肥桃研究所苗圃

地理数据：GPS数据（海拔：143m，
　　　　　经度：E116°46'10"，纬度：N36°10'17"）

样本类型：果实、种子

生境信息

来源于当地，生于田间，地势平坦，该土地为耕地，土壤质地为砂壤土。种植年限8～9年，现存100株。

植物学信息

1. 植株情况

乔木，树势强，树姿开张；树高2.2m，冠幅东西3.8m、南北3.2m，干高32cm，干周36cm；主干灰色，树皮块状裂，枝条密集。

2. 植物学特征

1年生枝红色，无光泽，中等长度，节间长1～2cm，较细，平均粗0.29cm。芽为单芽，结果枝上花芽量适中，叶芽较少，花芽肥大，顶端圆锥形，着生角度分离，茸毛少；叶柄长0.7～1.2cm，本色，叶长13cm左右，宽3.45cm，叶片薄，绿色，叶缘锯齿圆钝，齿间有腺体；普通花形，粉红色（开花当日）。

3. 果实性状

果实大，圆形，纵径7.7cm，横径8cm，侧径6.4cm，平均果重469g，最大果重750g；果面乳黄色，缝合线极深，两侧对称，果顶尖圆；果肉厚2.8cm，白色，近核处同肉色，果肉质地致密，脆，纤维多，汁液多，风味酸甜，香味浓，品质极上，核中等大小，粘核，不裂；可溶性固形物含量16%～20%。

4. 生物学习性

中心主干生长势强，侧枝一年平均长62.4cm，萌芽力强，生长势强，新梢一年平均长24cm；结果习性：3年以上开始结果，7～8年进入盛果期，坐果力强，生理落果少，采前落果少，丰产，大小年不显著，盛果期单株产量75～100kg；萌芽期4月上旬，开花期3月下旬，果实采收期9月上旬，落叶期11月中旬。

品种评价

高产、抗病，果实可食用；主要病虫害有蚜虫、潜叶蛾等；对寒、旱、涝、瘠、盐、风、日灼等恶劣环境抵抗能力较强；用嫁接方法进行繁殖。

植株

叶片

花

果实

黑牛山 5 号

Amygdalus persica L. 'Heiniushan 5'

調查編号：YINYLCWY051

所属树种：桃 *Amygdalus persica* L.

提 供 人：陈文玉
电　　话：13563822618
住　　址：山东省泰安市肥城市桃园镇西里村

调 查 人：尹燕雷、冯立娟、杨雪梅
电　　话：0538-8334070
单　　位：山东省果树研究所

调查地点：山东省泰安市肥城市桃园镇肥桃研究所苗圃

地理数据：GPS数据（海拔：143m，经度：E116°46'10"，纬度：N36°10'17"）

样本类型：果实、种子

生境信息

来源于当地，生于田间，地势平坦，该土地为耕地，土壤质地为砂壤土。种植年限10年，现存100株。

植物学信息

1. 植株情况

乔木，树势强，树姿开张；树高2.4m，冠幅东西3.7m、南北4.2m，干高32cm，干周35cm；主干灰色，树皮块状裂，枝条密集。

2. 植物学特征

1年生枝红色，无光泽，中等较短，节间长1.5～2cm，较细，平均粗0.21cm；单芽，结果枝上花芽量适中，叶芽较少，花芽肥大，顶端圆锥形，着生角度分离，茸毛少；叶片长披针形，形似柳叶，叶长16～18cm，宽2.5～3.5cm，叶片薄，绿色，叶缘锯齿圆钝，齿间有腺体，叶柄长1～2cm，本色；普通花形，粉红色（开花当日）。

3. 果实性状

果实大，圆形，纵径8.05cm，横径9.22cm，侧径6.4cm，平均果重300g以上，最大果重450g以上；果面乳黄色，色彩呈玫瑰红，部分有晕，缝合线极深，两侧对称，果顶尖圆；果肉白色，近核处红色，果肉质地致密，脆，纤维中，汁液多，风味酸甜，香味浓，品质极上，核中等大小，粘核，不裂；可溶性固形物含量14.2%～15.4%。

4. 生物学习性

中心主干生长势强，侧枝一年平均生长62.4cm，萌芽力强，生长势强，新梢一年平均长约40cm；3年以上开始结果，7～8年进入盛果期，坐果力强，生理落果少，采前落果少，丰产，大小年不显著，盛果期单株产量150kg；萌芽期4月上旬，开花期3月下旬，果实采收期9月上旬，落叶期11月中旬。

品种评价

高产、抗病，果实可食用；主要病虫害有蚜虫、潜叶蛾等；对寒、旱、涝、瘠、盐、风、日灼等恶劣环境抵抗能力较强；用嫁接方法进行繁殖。

生境

植株

花

叶片

果实

曹家沟桃 1 号

Amygdalus persica L. 'Caojiagoutao 1'

调查编号：YINYLGHQ085

所属树种：桃 *Amygdalus persica* L.

提 供 人：郭汉全
电　　话：15253699869
住　　址：山东省青州市普通镇曹家沟村

调 查 人：尹燕雷
电　　话：0538－8334070
单　　位：山东省果树研究所

调查地点：山东省青州市邵庄镇曹家沟村

地理数据：GPS数据（海拔：242m，经度：E118°25'12"，纬度：N36°44'10"）

样本类型：种子

生境信息

来源于当地，生于田间，地势平坦，该土地为耕地，土壤质地为砂壤土。种植年限30年，现存100株。

植物学信息

1. 植株情况

乔木，树势强，树姿开张；树高2.4m，冠幅东西3.7m、南北4.2m，干高0.32m，干周35cm；主干灰色，树皮块状裂，枝条中密。

2. 植物学特征

1年生枝红色，有光泽，枝条节间平均长1.5~2cm，平均粗0.25cm；枝条上单芽占30%，复芽占70%（以果枝中部计），结果枝上花芽中多，叶芽少，花芽肥大；芽顶端圆锥形，茸毛少；叶片长14~18cm，宽2.5~3.5cm，中厚，绿色；近叶基部无褶缩，叶缘锯齿圆钝，齿尖有腺体；叶柄长1~2cm，中粗，本色。铃形花，花冠直径3cm，浓红色（开花当日），花瓣少褶皱，椭圆形。

3. 果实性状

果实尖圆形，纵径6.5cm，横径6.82cm，侧径5.9cm；平均单果重156g，最大果重190g；果面紫红色，部分有点红或红晕，底色绿色；缝合线较深，两侧对称；果顶乳头状，顶洼中深，梗洼中广且深，不皱；果肉厚2.1cm，浅绿色，近核处红色，果肉各部成熟度不一致，质地致密，肉脆，纤维少且粗，汁液中多，风味甜，香味淡，品质上；核小，粘核，核不裂；果肉硬度11~15kg/cm^2，可溶性固形物含量15.5%，可溶性糖含量13.2%，酸含量0.2%。

4. 生物学习性

中心主干生长势强，骨干枝分枝角度80°；徒长枝中多，枝条萌芽力、发枝力强；1年生新梢平均长41cm，生长势强；3年开始结果，7~8年进入盛果期；长果枝占2%，中果枝占4%，短果枝占90%，腋花芽结果占4%，果台副梢抽生及连续结果能力强；全树坐果，坐果力强；生理落果、采前落果少，丰产，大小年不显著，单株平均产量（盛果期）100kg；萌芽期4月上旬，开花期4月上旬，成熟期10月下旬果实，落叶期11月中旬。

品种评价

高产、抗病，果实可食用；主要病虫害有炭疽病、细菌性穿孔病、流胶病、桃蚜、红蜘蛛、桃小食心虫、梨小食心虫、潜叶蛾等；对寒、旱、涝、瘠、盐、风、日灼等恶劣环境抵抗能力较强。

生境

植株

花

结果状

果实

曹家沟桃 2 号

Amygdalus persica L. 'Caojiagoutao 2'

调查编号：YINYLGHQ120

所属树种：桃 *Amygdalus persica* L.

提 供 人：郭汉全
电　　话：15253699869
住　　址：山东省青州市普通镇曹家
　　　　　沟村

调 查 人：尹燕雷
电　　话：0538－8334070
单　　位：山东省果树研究所

调查地点：山东省青州市邵庄镇曹家
　　　　　沟村

地理数据：GPS数据（海拔：256m，
　　　　　经度：E118°24'49"，纬度：N36°44'09"）

样本类型：叶片

生境信息

来源于当地，生于田间，地势平坦，该土地为耕地，土壤质地为砂壤土。种植年限30年，现存100株。

植物学信息

1. 植株情况

乔木，树势强，树姿开张；树高2.4m，冠幅东西3.5m、南北4m，干高0.29m，干周40cm；主干灰色，树皮块状裂，枝条中密。

2. 植物学特征

1年生枝红色，无光泽，枝条节间平均长1.5～2cm，平均粗0.21cm；枝条上单芽占20%，复芽占70%，结果枝上花芽中多，叶芽少，花芽肥大；芽顶端圆锥形，茸毛少；叶片长13～15cm，宽2.5～3.5cm，中厚，绿色；近叶基部无褶缩，叶缘锯齿圆钝，齿尖有腺体；叶柄长1～2cm，中粗，本色。

3. 果实性状

果实尖圆形，纵径4.16cm，横径4.72cm，侧径3.98cm；平均单果重48.32g，最大果重55g；果面紫红色，部分有点红或红晕，底色绿色；果肉厚1.5～1.7cm，浅绿色，近核处玫瑰红色，果肉各部成熟度不一致，质地致密，肉脆，纤维少且细，汁液中多，风味甜，香味中，品质极上；核小，半离核，核不裂；果肉硬度11～15kg/cm²，可溶性固形物含量17%～19%，可溶性糖含量17%，酸含量0.15%，每百克果肉中含有维生素C 3.5mg。

4. 生物学习性

中心主干生长势强，骨干枝分枝角度80°；徒长枝中多，枝条萌芽力、发枝力强；1年生新梢平均长度41cm，生长势强；3年开始结果，7～8年进入盛果期；长果枝占5%，中果枝占15%，短果枝占75%，腋花芽结果占5%，果台副梢抽生及连续结果能力强；全树坐果，坐果力强；生理落果、采前落果少，丰产，大小年不显著，单株平均产量（盛果期）100kg；萌芽期4月上旬，开花期4月上旬，果实成熟期11月上中旬，落叶期12月上旬。

品种评价

高产、抗病，适应性广，果实可食用；主要病虫害有炭疽病、细菌性穿孔病、流胶病、桃蚜、红蜘蛛、桃小食心虫、梨小食心虫、潜叶蛾等；对寒、旱、涝、瘠、盐、风、日灼等恶劣环境抵抗能力较强；修剪反应较敏感，嫁接繁殖。

结果状

花

开花状

植株

葛集油桃

Amygdalus persica L.var. *nucipersica* L.
'Gejiyoutao'

🔘 调查编号：YINYLSQB059

📋 所属树种：油桃 *Amygdalus persica* L.var. *nucipersica* L.

📄 提 供 人：俞飞飞
　　电　　话：13965019251
　　住　　址：安徽省合肥市农科南路40号

📑 调 查 人：孙其宝、陆丽娟、周军永
　　电　　话：13956066968
　　单　　位：安徽省农业科学院园艺研究所

📍 调查地点：安徽省宿州市砀山县葛集镇

🌐 地理数据：GPS数据（海拔：40m，经度：E116°31'19"，纬度：N34°30'8"）

🖼 样本类型：果实、种子、叶片、枝条

🔖 生境信息

来源于当地，生于田间，地势平坦，该土地为耕地，土壤质地为壤土。

📰 植物学信息

1. 植株情况

乔木，树势强，树姿开张，树形为圆头形；树高3.5m，冠幅东西7.2m、南北5.4m，干高25cm，干周80cm；主干灰色，树皮块状裂，枝条密。

2. 植物学特征

1年生枝绿色，无光泽，中等长度，节间2cm，较细，平均0.14cm；叶柄长1.2cm，本色，叶长12.2cm，宽4.2cm，叶片薄，绿色，叶缘锯齿圆钝，齿间有腺体；普通花形，粉红色（开花当日）。

3. 果实性状

果实近圆形，平均单果重135g；果肉橙黄色，硬溶质，肉质细脆，风味酸甜，可溶性固形物11.8%，粘核，不裂果。

4. 生物学习性

中心主干生长势强，侧枝一年平均长47cm，萌芽力强，生长势强；5年开始结果，7～8年进入盛果期，坐果力强，生理落果少，采前落果少，丰产，大小年不显著，盛果期单株产量75～100kg；萌芽期4月上旬，开花期4月上旬，果实采收期9月上旬，落叶期11月中旬。

📋 品种评价

高产、抗病，果实可食用；主要病虫害有蚜虫、潜叶蛾等；对寒、旱、涝、瘠、盐、风、日灼等恶劣环境抵抗能力较强；用嫁接方法进行繁殖；对土壤、地势、栽培条件的要求较不严格。

生境

植株

花

枝叶

果实

砀山黄桃

Amygdalus persica L. 'Dangshanhuangtao'

调查编号：YINYLSQB060

所属树种：桃 *Amygdalus persica* L.

提 供 人：俞飞飞
电　　话：13965019251
住　　址：安徽省合肥市农科南路40号

调 查 人：孙其宝、陆丽娟、周军永
电　　话：13956066968
单　　位：安徽省农业科学院园艺研究所

调查地点：安徽省宿州市砀山县砀城镇

地理数据：GPS数据（海拔：40m，
经度：E116°21'20"，纬度：N34°25'15"）

样本类型：果实、种子、叶、枝条

生境信息

来源于当地，生于田间，地势平坦，该土地为耕地，土壤质地为壤土。种植年限10年，现存100株。

植物学信息

1. 植株情况

乔木，树势强，树姿开张，树形圆头形；树高8m，冠幅东西8.5m、南北9m，干高1.1m，干周1.24m；主干黑色，树皮块状裂，枝条密。

2. 植物学特征

1年生枝向阳面红色，无光泽，中等长度，皮目较小、凸、近圆形；结果枝花芽较多，花芽肥大，顶端圆锥形；叶片中等大小，中等厚薄，绿色；普通花形，花瓣褶皱少，卵形。

3. 果实性状

果实近圆形，果皮金黄色，茸毛少；果肉金黄色，细嫩，果汁少，不溶质，光滑紧密，香味浓，味甜酸适中；粘核，核椭圆形，缝合线及近核果肉无红色素，果肉厚；平均单果重141.2g，果实可溶性固形物8.9%。加工和鲜食兼用。

4. 生物学习性

中心主干生长势强，侧枝一年平均长47cm，萌芽力强，生长势强；5年开始结果，7～8年进入盛果期，坐果力强，生理落果少，采前落果少，丰产，大小年不显著，盛果期单株产量75～100kg；萌芽期4月上旬，开花期4月上旬，果实采收期9月上旬，落叶期11月中旬。

品种评价

高产、抗病，果实可食用；主要病虫害有蚜虫、潜叶蛾等；对寒、旱、涝、瘠、盐、风、日灼等恶劣环境抵抗能力较强；用嫁接方法进行繁殖。

生境

植株

花

枝叶

果实

金香蜜

Amygdalus persica L. 'Jinxiangmi'

调查编号：YINYLSQB110

所属树种：桃 *Amygdalus persica* L.

提供人：俞飞飞
电　话：13965019251
住　址：安徽省合肥市农科南路40号

调查人：孙其宝、陆丽娟、周军永
电　话：13956066968
单　位：安徽省农业科学院园艺研
　　　　究所

调查地点：安徽省合肥市农业科学院
　　　　　园艺所试验园

地理数据：GPS数据（海拔：19m，
经度：E117°14'36"，纬度：N31°53'24"）

样本类型：种子、枝条

生境信息

来源于当地，生于田间，地势平坦，该土地为耕地，土壤质地为黏壤土。种植年限3年，现存株数不详。

植物学信息

1. 植株情况

乔木，树势强，树姿开张，圆头形；树高4.5m，冠幅东西3.5m、南北3m，干高1.5m，干周30cm；主干褐色，树皮光滑不裂，枝条中密。

2. 植物学特征

1年生枝紫红色，无光泽，枝条节间平均长1.5~2cm，平均粗0.21cm；皮目中大、中多、凸、近圆形；结果枝上花芽多，叶芽少，花芽肥大，芽顶端钝尖形，着生角度中等，茸毛少；叶片中大，叶片薄，叶色浓绿；近叶基部无褶缩，叶缘锯齿锐状，齿尖无腺体；叶柄中长，中粗，本色；普通花形，淡红色（开花当日），花瓣无褶皱，短椭圆形；雄蕊细，无茸毛，蜜盘黄色（谢花后5日），萼片茸毛少。

3. 果实性状

果实近圆形，大，纵径5.8cm，横径6.1cm，平均单果重259.2g，最大单果重380g；果顶圆平，缝合线明显，两边较对称，果梗短粗，梗洼深。果实成熟后，果皮底色金黄，被鲜红晕，茸毛稀短；果肉金黄色，有红色丝状分布，粘核；硬溶质，汁液中等，风味浓甜，香气浓郁，鲜食品质上；可溶性固形物11.6%~13.1%，总酸0.23%，维生素C120.08mg/kg，果实去皮硬度5.51kg/cm²。

4. 生物学习性

中心主干生长势强，徒长枝中多，萌芽力、发枝力强，1年生新梢生长势强；2年开始结果，4年进入盛果期；长果枝占3%，中果枝占5%，短果枝占80%，腋花芽结果占12%；全树坐果，坐果力强；生理落果、采前落果少，丰产，大小年不显著；萌芽期3月上旬，开花期3月下旬，花期6~8天，果实成熟期6月中旬，果实发育期75天左右，落叶期11月上旬。

品种评价

高产、优质、早熟，果实可食用；主要病虫害有蚜虫、李小食心虫、星天牛、流胶病等；对寒、旱、涝、瘠、盐、风、日灼等恶劣环境抵抗能力中等；嫁接繁殖。

生境

枝叶

植株

果实

红雨桃

Amygdalus persica L. 'Hongyutao'

调查编号：YINYLSQB112

所属树种：桃 *Amygdalus persica* L.

提 供 人：俞飞飞
电　　话：13965019251
住　　址：安徽省合肥市农科南路40号

调 查 人：孙其宝、陆丽娟、周军永
电　　话：13956066968
单　　位：安徽省农业科学院园艺研究所

调查地点：安徽省合肥市农业科学院园艺所试验园

地理数据：GPS数据（海拔：19m，经度：E117°14'36"，纬度：N31°53'24"）

样本类型：种子、枝条

生境信息

来源于当地，生于田间，地势平坦，该土地为耕地，土壤质地为黏壤土。种植年限6年，现存株数不详。

植物学信息

1. 植株情况

乔木，树势强，树姿开张，圆头形；树高2.5m，冠幅东西2m、南北3m，干高0.4m，干周11cm；主干褐色，树皮光滑不裂，枝条中密。

2. 植物学特征

1年生枝紫红色，无光泽，枝条中长，皮目中大、中多、凸、近圆形；结果枝上花芽多，叶芽少，花芽肥大；芽顶端钝尖形，着生角度中等，茸毛少；叶片中大，叶片薄，叶色浓绿；近叶基部无褶缩，叶缘锯齿锐状，齿尖无腺体；叶柄中长、中粗，本色；普通花形，淡红色（开花当日），花瓣无褶皱，短椭圆形；雄蕊细长，无茸毛，蜜盘黄色（谢花后5日），萼片毛茸少。

3. 果实性状

果实圆形，纵径3.3cm，横径3.6cm，平均单果重152g，最大果重223g；果面朱红色，部分有红晕，底色绿色；缝合线较深，两侧对称；果顶下凹，顶洼浅，梗洼广而深，不皱；果皮中厚，无茸毛；果肉橙黄色，近核处同肉色，果肉各部成熟度一致，质地致密，肉脆，纤维中少且细，汁液多，风味甜酸，香味中，品质上；核小，粘核，核不裂；可溶性固形物含量9.45%。

4. 生物学习性

中心主干生长势强，徒长枝中多，枝条萌芽力、发枝力强，1年生新梢生长势强；2年开始结果，4年进入盛果期；长果枝占3%，中果枝占5%，短果枝占80%，腋花芽结果占12%；全树坐果，坐果力强，生理落果、采前落果少，丰产，大小年不显著；萌芽期3月中旬，开花期3月下旬，果实成熟期6月上中旬，落叶期10月下旬。

品种评价

高产、优质，早熟，果实可食用；主要病虫害有蚜虫、李小食心虫、星天牛、流胶病等；对寒、旱、涝、瘠、盐、风、日灼等恶劣环境抵抗能力中等；嫁接繁殖。

花

结果状

溪霞桃 1 号

Amygdalus persica L. 'Xixiatao 1'

调查编号：XUXBHCH011

所属树种：桃 *Amygdalus persica* L.

提 供 人：黄春辉
电　　话：13970939317
住　　址：江西省南昌市新建区溪霞
　　　　　镇溪霞村

调 查 人：徐小彪
电　　话：13970939317
单　　位：江西农业大学

调查地点：江西省南昌市新建区溪霞
　　　　　镇溪霞村

地理数据：GPS数据（海拔：49m，
　　　　　经度：E115°48'46.32"，纬度：N28°50'34.36"）

样本类型：种子、枝条

生境信息

来源于当地，生于田间，地势平坦，该土地为丘陵地，土壤质地为黏壤土。种植年限20年，现存2000株。

植物学信息

1. 植株情况

乔木，树势较强，树姿开张，乱头形；树高3.5m，冠幅东西5.5m、南北4.6m，干高35cm，干周40cm；主干灰褐色，树皮光滑不裂，枝条较密。

2. 植物学特征

1年生枝紫红，无光泽，中长、中粗，节间较短，花芽肥大，顶端圆锥形，茸毛少；叶片披针形，先端渐尖，叶面平展，叶缘锯齿圆钝，较浅。

3. 果实性状

果实近圆形，中大，平均单果重102g，最大果重135g，果实纵径6.1cm，横径5.6cm，侧径5.8cm，果顶平；果皮浅绿白色，分布红晕较多；果肉白色，肉质柔软，略有纤维，汁液较多，味较甜；果实6月上中旬成熟，可溶性固形物11%～13.5%，粘核。

4. 生物学习性

中心主干生长势弱，徒长枝多，枝条萌芽力、发枝力强，1年生新梢生长势强；5年生树长果枝占总结果枝数的60%，中果枝占20%，短果枝占15%，各类果枝均能结果，以长果枝结果为主，复花芽居多，花芽起始节位第2～3节；坐果性能良好，丰产。

品种评价

高产、优质、早熟，果实可食用；对炭疽病、细菌性穿孔病、褐腐病、疮痂病等抗性较强；嫁接繁殖。

叶片和芽

双果

植株

瑶下屯桃 1 号

Amygdalus persica L. 'Yaoxiatuntao 1'

调查编号：FANGJGLXL080

所属树种：桃 *Amygdalus persica* L.

提 供 人：王功臣
电　　话：13956012551
住　　址：广西壮族自治区百色市乐业县甘田镇达道村瑶下屯

调 查 人：李贤良
电　　话：13978358920
单　　位：广西特色作物研究院

调查地点：广西壮族自治区百色市乐业县甘田镇达道村瑶下屯

地理数据：GPS数据（海拔：1005m，经度：E106°29'25"，纬度：N24°36'38.9"）

样本类型：种子、枝条

生境信息

来源于当地，生于庭院。种植年限7~8年，现存2株，种植农户为1户。

植物学信息

1. 植株情况

乔木，树势强，树姿直立，乱头形；树高5m，冠幅东西3m、南北3m，干高1.5m，干周55cm；主干灰色，树皮光滑不裂，枝条稀疏。

2. 植物学特征

1年生枝红褐色，无光泽；叶片小、薄，绿色；叶缘锯齿圆钝，齿尖有腺体；叶柄长1cm；普通花形，花冠直径3.8cm，粉红色（开花当日），花瓣椭圆形。

3. 果实性状

果实扁圆形，大小中等，纵径3.1cm，横径5.5cm，侧径5.9cm；平均果重130g，最大果重250g；果实底色白，面色玫瑰红色，部分有红晕；缝合线不显著，缝合线两侧对称；果顶下凹，顶洼浅，梗洼广而深；果皮厚，茸毛多，剥皮困难；果肉白色；近核处同肉色，果肉各部成熟度一致，质地致密，肉脆，纤维少且细，汁液多，风味甜，香味浓；品质上；核小，粘核，核不裂。果实可溶性固形物含量15%，酸含量3.2%。

4. 生物学习性

中心主干生长势弱，骨干枝分枝角度45°，侧枝（6年生）长240cm，徒长枝少，枝条萌芽力强，发枝力强，1年生新梢平均长155cm；生长势中等；该树3年开始结果，6年进入盛果期；长果枝占18%，中果枝占33%，短果枝占45%，腋花芽结果占4%；全树上中部坐果，坐果力强，生理落果少，采前落果少，产量中等；大小年不显著，单株平均产量（盛果期）75kg。萌芽期3月下旬，开花4月中下旬，果实采收期9月中旬，落叶期11月上旬。

品种评价

耐盐碱，耐贫瘠，果实可食用；主要病虫害有蚜虫、潜叶蛾等；对寒、旱、涝、瘠、盐、风、日灼等恶劣环境有强的抵抗能力；用嫁接方法进行繁殖。

生境

植株

枝叶

果实

树干

瑶下屯桃2号

Amygdalus persica L. 'Yaoxiatuntao 2'

调查编号：FANGJGLXL086

所属树种：桃 *Amygdalus persica* L.

提 供 人：邵元碧
电　　话：13977673705
住　　址：广西壮族自治区百色乐业
　　　　　县甘田镇达道村瑶下屯

调 查 人：李贤良
电　　话：13978358920
单　　位：广西特色作物研究院

调查地点：广西壮族自治区百色市乐
　　　　　业县甘田镇达道村瑶下屯

地理数据：GPS数据（海拔：930m，
　　　　　经度：E106°28′31.60″，纬度：N24°38′2.46″）

样本类型：种子、枝条

生境信息

来源于当地，生于旷野、河谷。种植年限10年，现存2株。

植物学信息

1. 植株情况

乔木，树势强，树姿直立，乱头形；树高5m，冠幅东西3m、南北3m，干高2m，干周30cm；主干灰色，树皮块状裂，枝条稀疏。

2. 植物学特征

1年生枝红褐色，有光泽，枝条短；叶片小、薄，绿色；叶缘锯齿圆钝，齿尖有腺体；叶柄长1.5cm；普通花形，花冠直径4.2cm，粉红色（开花当日），花瓣椭圆形。

3. 果实性状

果实扁圆形，大小中等，纵径3.1cm，横径5.5cm，侧径5.9cm；平均果重130g，最大果重250g；果实底色白，面色玫瑰红色；缝合线不显著，两侧对称；果顶下凹，顶洼浅，梗洼广而深；果皮厚，茸毛多，剥皮困难；果肉白色，近核处同肉色，果肉各部成熟度一致，质地致密，肉脆，纤维少且细，汁液多，风味甜，香味浓，品质上；核小，粘核，核不裂；果实可溶性固形物含量15%，酸含量3.2%。

4. 生物学习性

中心主干生长势弱，骨干枝分枝角度45°，侧枝（6年生）长200cm，徒长枝少，枝条萌芽力强，发枝力中等，1年生新梢平均长155cm；3年开始结果，6年进入盛果期；长果枝占15%，中果枝占36%，短果枝占45%，腋花芽结果占4%；全树上中部坐果，坐果力强，生理落果少，采前落果少，产量中等，大小年不显著，单株平均产量（盛果期）70kg。萌芽期3月下旬，开花期4月中下旬，果实采收期9月中旬，落叶期11月上旬。

品种评价

耐盐碱，耐贫瘠，果实可食用；主要病虫害有蚜虫、潜叶蛾等；对寒、旱、涝、瘠、盐、风、日灼等恶劣环境有强的抵抗能力；用嫁接方法进行繁殖。

植株

果实

场坝离骨桃

Amygdalus persica L. 'Changbaligutao'

调查编号：FANGJGLXL094

所属树种：桃 *Amygdalus persica* L.

提 供 人：陈允资
电　　话：13877642570
住　　址：广西壮族自治区百色市乐
　　　　　业县甘田镇场坝村七组

调 查 人：李贤良
电　　话：13978358920
单　　位：广西特色作物研究院

调查地点：广西壮族自治区百色市乐
　　　　　业县甘田镇场坝村七组

地理数据：GPS数据（海拔：1021m，
经度：E106°28′52.43″，纬度：N24°36′45.05″）

样本类型：种子、枝条

生境信息

来源于当地，生于房前屋后。种植年限30年，现存于农户吴希寿的家院，株数3株。

植物学信息

1. 植株情况

乔木，树势强，树姿直立，乱头形；树高5m，冠幅东西3m、南北3m，干高2.5m，干周50cm；主干褐色，树皮块状裂，枝条稀疏。

2. 植物学特征

1年生枝红褐色，有光泽，枝条短；叶片小、薄，绿色；叶缘锯齿圆钝，齿尖有腺体；叶柄长1.3cm；普通花形，花冠直径4.4cm，粉红色（开花当日），花瓣椭圆形。

3. 果实性状

果实大小中等，扁圆形，纵径2.9cm，横径5.3cm，侧径5.6cm；平均果重140g，最大果重200g；果底色白，面色玫瑰红色，部分有红晕；缝合线不显著，两侧对称；果顶下凹，顶洼浅，梗洼广而深；果皮厚，茸毛多，剥皮困难；白色，近核处同肉色，果肉各部成熟度一致，质地致密，肉脆，纤维少且细，汁液多，风味甜，香味浓，品质上；核小，粘核，核不裂；果实可溶性固形物含量14%，酸含量3.3%。

4. 生物学习性

中心主干生长势弱，骨干枝分枝角度45°，侧枝（6年生）长220cm，徒长枝少，枝条萌芽力强，发枝力强，1年生新梢平均长135cm；生长势中等；3年开始结果，6年进入盛果期；长果枝占17%，中果枝占34%，短果枝占45%，腋花芽结果占5%；全树上中部坐果，坐果力强，生理落果少，采前落果少，产量中等，大小年不显著，单株平均产量（盛果期）75kg。萌芽期3月下旬，开花期4月中下旬，果实采收期9月中旬，落叶期11月上旬。

品种评价

耐盐碱，耐贫瘠，果实可食用；主要病虫害有蚜虫、潜叶蛾等；对寒、旱、涝、瘠、盐、风、日灼等恶劣环境有强的抵抗能力；用嫁接方法进行繁殖。

枝条

植株

社上屯里龙门黄腊桃

Amygdalus persica L.
'Sheshangtunlilongmenhuanglatao'

调查编号：FANGJGLXL110

所属树种：桃 *Amygdalus persica* L.

提 供 人：陈允资
电　　话：13877642570
住　　址：广西壮族自治区百色市乐
业县甘田镇达道村社上屯
里龙门

调 查 人：李贤良
电　　话：13978358920
单　　位：广西特色作物研究院

调查地点：广西壮族自治区百色市乐
业县甘田镇达道村社上屯
里龙门

地理数据：GPS数据（海拔：1142m，
经度：E106°29′34.31″，纬度：N24°35′42.08″）

样本类型：枝条

生境信息

来源于当地，生于山林地。种植年限5年，农户黄身元种植，现存10株。

植物学信息

1. 植株情况

乔木，树势较强，树姿开张，乱头形；树高2.5m，冠幅东西2m、南北1.6m，干高1m，干周28cm；主干灰色，树皮光滑不裂，枝条稀疏。

2. 植物学特征

1年生枝红褐色，无光泽，枝条短；叶片小、薄，绿色；叶缘锯齿圆钝，齿尖有腺体；叶柄长0.8cm；普通花形，粉红色（开花当日），花瓣椭圆形。

3. 果实性状

果实扁圆形，大小中等，纵径2.8cm，横径5.2cm，侧径5.6cm；平均果重110g，最大果重190g；果底色白，面色玫瑰红色，部分有红晕；缝合线不显著，两侧对称；果顶下凹，顶洼浅，梗洼广而深；果皮厚，茸毛多，剥皮困难；果肉白色，近核处同肉色，果肉各部成熟度一致，质地致密，肉脆，纤维少且细，汁液多，风味甜，香味浓，品质上；核小，粘核，核不裂；果实可溶性固形物含量13%，酸含量3.4%。

4. 生物学习性

中心主干生长势弱，骨干枝分枝角度45°，侧枝长170cm，徒长枝少，枝条萌芽力强，发枝力强，1年生新梢平均长100cm；生长势中等；3年开始结果，6年进入盛果期；长果枝占15%，中果枝占33%，短果枝占47%，腋花芽结果占4%；全树上中部坐果，坐果力强，生理落果少，采前落果少，产量中等，大小年不显著，单株平均产量（盛果期）75kg。萌芽期3月下旬，开花期4月中下旬，果实采收期9月中旬，落叶期11月上旬。

品种评价

耐盐碱，耐贫瘠，果实可食用；主要病虫害有蚜虫、潜叶蛾等；对寒、旱、涝、瘠、盐、风、日灼等恶劣环境有强的抵抗能力；用嫁接方法进行繁殖。

植株

芽

花

花蕾

碧山水蜜桃

Amygadalus persica L.'Bishanshuimitao'

调查编号: CAOQFMYP128

所属树种: 桃 *Amygdalus persica* L.

提 供 人: 韩贵生
电 话: 15003418140
住 址: 山西省太原市阳曲县黄寨镇碧山村

调 查 人: 孟玉平
电 话: 13643696321
单 位: 山西省农业科学院生物技术研究中心

调查地点: 山西省太原市阳曲县黄寨镇碧山村

地理数据: GPS数据（海拔: 987m, 经度: E112°38'2.5", 纬度: N38°05'51.2"）

样本类型: 种子、枝条

生境信息

来源于山西，生于田间，地势平坦，该土地为丘陵地，土壤质地为黏壤土。种植年限20年，现存2000株。

植物学信息

1.植株情况

乔木，树势较强，树姿开张，乱头形；树高3.5m，冠幅东西5.5m、南北4.6m，干高35cm，干周40cm；主干灰褐色，树皮光滑不裂，枝条较密。

2.植物学特征

1年生枝绿色，无光泽，长度适中。节间较短，成枝力强；叶片披针形，先端渐尖，叶面平展，叶缘锯齿圆钝，较浅；普通花形，开花当日为粉红色，花瓣无褶皱，萼片毛茸少。

3.果实性状

果实尖圆形，纵径8.74cm，横径7.64cm，侧径8.03cm，平均单果重228.5g，最大果重286g；果面玫瑰红色，部分有红晕，底色绿色；缝合线宽浅，两侧不对称；果顶尖圆，顶洼无，梗洼中广、中深，不皱；果皮中厚，茸毛中多，剥皮困难；果肉厚2.55cm，乳黄色，近核处同肉色，各部成熟度不一致，质地松软，纤维中多且细，汁液多，风味甜，香味淡，品质中；核小，粘核。

4.生物学习性

中心主干生长势弱，徒长枝多，枝条萌芽力、发枝力强，1年生新梢生长势强；5年生树长果枝占总结果枝数的60%，中果枝占20%，短果枝占15%，各类果枝均能结果，以长果枝结果为主，复花芽居多，花芽起始节位第2～3节；坐果性能良好，丰产。

品种评价

高产、优质、早熟，果实可食用；对炭疽病、细菌性穿孔病、褐腐病、疮痂病等抗性较强；嫁接繁殖。

植株

采集时间: 2013-08-01
采集者: 曹秋芬
采集地: 中国山西省阳曲县黄寨镇辿山村
经纬度: N38°05′51.2″ E112°20′2.5″
海拔高度: 987m 坡度: 坡向:
生境:
伴生物种:
其他描述: 高2m, 乔木
地方名: 守宫水蜜桃
到外鉴定: 桃

叶片

果实

果实

碧山血桃

Amygadalus persica L.'Bishanxuetao'

- 调查编号：CAOQFMYP129

- 所属树种：桃 *Amygdalus persica* L.

- 提供人：韩贵生
  电　话：15003418140
  住　址：山西省太原市阳曲县黄寨镇碧山村

- 调查人：孟玉平
  电　话：13643696321
  单　位：山西省农业科学院生物技术研究中心

- 调查地点：山西省太原市阳曲县黄寨镇碧山村

- 地理数据：GPS数据（海拔：987m，经度：E112°38'2.5"，纬度：N38°05'51.2"）

- 样本类型：果实、种子

生境信息

来源于当地，生于田间，地势平坦，该土地为耕地，土壤质地为壤土。种植年限15年，现存300株，种植农户为1户。

植物学信息

1. 植株情况

树高5m，冠幅东西5.5m、南北5.5m，干高0.5m，干周0.4cm；主干灰褐色，树皮光滑不裂。

2. 植物学特征

1年生枝条红褐色，无光泽，长度中等，枝条较密，节间较短，成枝力强；叶片披针形，先端渐尖，叶面平展，叶缘锯齿圆钝，较浅；花瓣无褶皱，萼片毛茸少。

3. 果实性状

果实尖圆形，纵径5.63cm，横径5.28cm，侧径5.31cm，平均单果重74g，最大果重105g；果玫瑰红色，部分有条红，底色黄绿色；缝合线宽浅，两侧对称；果顶尖圆，顶洼无，梗洼广而浅，不皱；果皮薄，茸毛多，剥皮困难，果肉厚1.42cm，红色，近核处同肉色，各部成熟度一致，质地松软，纤维少且细，汁液中多，风味甜，品质中；核中大，离核，核不裂；可溶性固形物含量14%。

4. 生物学习性

中心主干生长势弱，骨干枝分枝角度45°，侧枝长50cm，徒长枝少，枝条萌芽力强，发枝力强，1年生新梢平均长40cm；果实采收期7月下旬。

品种评价

高产、优质、早熟，果实可食用；对炭疽病、细菌性穿孔病、褐腐病、疮痂病等抗性较强；嫁接繁殖。

植株

采集日期：2012-08-01
采集者：曹秋芬
采集地：中国山西省阳曲县黄寨镇碧山村
经纬度：N38°05′51.2″ E112°28′2.5″
海拔高度：987m 坡度： 坡向：
生境：
伴生物种：
其他描述：高5m，乔木

地方名：血桃
野外鉴定：桃

果实

叶片

果实

古韩绿森大桃

Amygadalus persica L.'Guhanlvsendatao'

调查编号：CAOQFMYP149

所属树种：桃 *Amygdalus persica* L.

提 供 人：常金柱
电　　话：134467090635
住　　址：山西省长治市襄垣县古韩镇桃树村

调 查 人：曹秋芬
电　　话：13753480017
单　　位：山西省农业科学院生物技术研究中心

调查地点：山西省长治市襄垣县古韩镇桃树村

地理数据：GPS数据（海拔：976m，经度：E112°58'54.48"，纬度：N36°33'0.18"）

样本类型：种子、枝条

生境信息

来源于当地，生于田间，地势平坦，该土地为耕地，土壤质地为壤土。种植年限21年，现存2株，种植农户为1户。

植物学信息

1. 植株情况

乔木，树势强，树姿半开张，半圆形；树高3m，冠幅东西6.0m、南北6.0m，干高0.6m，干周80cm；主干褐色，树皮块状裂，枝条密集。

2. 植物学特征

1年生枝红褐色，无光泽，枝条节间平均长2.5cm；皮目小、少且平；叶片长13cm，宽4cm，中厚，叶色浓绿；近叶基部无褶缩，叶缘锯齿圆钝；叶柄长0.5cm，中粗，本色。

3. 果实性状

果实尖圆形，纵径7.75cm，横径6.9cm，侧径7.5cm；平均果重198g；紫红色，部分有红晕，底色白；缝合线宽浅，两侧对称；果顶尖圆乳头状，顶洼无，梗洼广而深、不皱；茸毛多，易剥皮；果肉厚2.4cm，红色，近核处同肉色，果肉各部成熟度一致，质地致密，纤维少且细，汁液多，风味甜酸，香味中浓，品质上；核中大，离核，核不裂；果实可溶性固形物含量8%。

4. 生物学习性

无中心主干，骨干枝分枝角度50°；徒长枝少，枝条萌芽力、发枝力强；1年生新梢平均长40cm，生长势强；采前落果中等，大小年结果不显著，单株平均产量（盛果期）7.5kg；萌芽期4月中旬，开花期4月中旬，果实采收期8月上旬，落叶期10月。

品种评价

高产、抗病、耐贫瘠，果实可食用；主要病虫害有蚜虫、潜叶蛾等；对寒、旱、涝、瘠、盐、风、日灼等恶劣环境抗能力强；用嫁接方法进行繁殖。

植株

叶片

果实

果实

西龙头砦白桃

Amygadalus persica L.var. *alba* Schneid.
'Xilongtouzhaibaitao'

调查编号：CAOQFMYP163

所属树种：白桃 *Amygdalus persica* L. var. *alba* Schneid.

提 供 人：宁仙耀
电　　话：13835120886
住　　址：陕西省太原市阳曲县侯村乡张拔村

调 查 人：曹秋芬
电　　话：13753480017
单　　位：山西省农业科学院生物技术研究中心

调查地点：山西省太原市阳曲县侯村乡张拔村西龙头砦

地理数据：GPS数据（海拔：942m，经度：E95°11'48.8"，纬度：N43°13'13"）

样本类型：种子、枝条

生境信息

来源于当地，生于田间，地势平坦，该土地为耕地，土壤质地为壤土。种植年限10年，农户分散栽植。

植物学信息

1. 植株情况

乔木，树势中强，树姿半开张，半圆形；树高3.5m，冠幅东西5.2m、南北5.2m，干高0.3m，干周80cm；主干褐色，树皮丝状裂，枝条中密。

2. 植物学特征

1年生枝紫红色，无光泽，枝条节间平均长1cm；皮目小、少且平，近圆形。

3. 果实性状

果实圆形，纵径5.87cm，横径5.73cm，侧径6.02cm；平均果重96.2g；果面浅绿色，底色乳黄色；缝合线极深，两侧对称；果顶尖圆，顶洼无，梗洼广而深、不皱；果皮中厚，茸毛多，易剥皮；果肉厚1.95cm，颜色白至乳黄色，近核处同肉色，各部成熟度一致，质地松软，纤维中多且细，汁液多，风味甜酸，香味浓，品质上；核小，离核，核不裂；果实可溶性固形物含量12.5%。

4. 生物学习性

中心主干生长势强，骨干枝分枝角度80°；徒长枝中多，枝条萌芽力、发枝力强；1年生新梢平均长41cm，生长势强；3年开始结果，7～8年进入盛果期；长果枝占5%、中果枝占20%、短果枝占70%，腋花芽结果占7%，果台副梢抽生及连续结果能力强；全树坐果，坐果力强，生理落果、采前落果少，丰产，大小年不显著，单株平均产量（盛果期）90kg；果实采收期8月下旬。

品种评价

高产、耐贫瘠，果实可食用；主要病虫害有蚜虫、潜叶蛾、李小食心虫、星天牛、流胶病等；对寒、旱、涝、瘠、盐、风、日灼等恶劣环境抵抗能力中等；嫁接繁殖。

生境

植株

果实

果实

平洛蜜桃

Amygdalus persica L. 'Pingluomitao'

调查编号：CAOQFMYP046

所属树种：桃 *Amygdalus persica* L.

提 供 人：王司远
电　　话：13659393671
住　　址：甘肃省陇南市康县林业局

调 查 人：曹秋芬
电　　话：13753480017
单　　位：山西省农业科学院生物技术研究中心

调查地点：甘肃省陇南市康县平洛镇张坪村

地理数据：GPS数据（海拔：1096m，经度：E105°34'34"，纬度：N33°28'10"）

样本类型：种子、枝条

生境信息

来源于当地，生于田间，地势平坦，该土地为耕地，土壤质地为砂壤土。种植年限10年，农户零星栽植。

植物学信息

1. 植株情况

乔木，树势中强，树姿半开张，半圆形；树高4m，冠幅东西6m、南北6m，干高0.4m，干周41cm；主干灰褐色，树皮丝状裂，枝条中密。

2. 植物学特征

1年生枝绿色，无光泽，长度中等，节间适中。叶片长14cm，宽4cm，中厚，绿色；叶缘锯齿锐状，齿尖有腺体，叶柄短；普通花形，花瓣无褶皱。

3. 果实性状

果实中大，纵径6.1cm，横径6.2cm，侧径6.1cm，圆形；果面玫瑰红色，部分有条红或斑红，底色浅绿色；缝合线较深，两侧对称；果顶平齐，顶洼无，梗洼中广而深；果皮中厚，茸毛中多；果肉白至红色，近核处同肉色或玫瑰红色，果肉各部成熟度一致，质地松软，肉脆，纤维中多，汁液少，风味甜，香味中浓，品质中；核中大，离核，核不裂；果实可溶性固形物含量15%。

4. 生物学习性

中心主干生长势强，徒长枝数目少，萌芽力中等，发枝力中等，第3年开始坐果，7～8年进入盛果期。萌芽期3月中旬，开花期3月上旬，果实采收期8月上旬，落叶期10月。

品种评价

抗病，果实可食用；主要病虫害有蚜虫、食心虫等；对寒、旱、涝、瘠、盐、风、日灼等恶劣环境抵抗能力强；嫁接繁殖。

植株

果实

叶片

果实

山耳东桃

Amygdalus persica L. 'Shanerdongtao'

调查编号：CAOQFMYP130

所属树种：桃 *Amygdalus persica* L.

提 供 人：王晋旭
电　　话：13643696321
住　　址：山西省晋城市农村工作委
　　　　　员会

调 查 人：曹秋芬
电　　话：13753480017
单　　位：山西省农业科学院生物技
　　　　　术研究中心

调查地点：山西省晋城市阳城县北留
　　　　　镇安岭村

地理数据：GPS数据（海拔：712m，
　　　　　经度：E112°35'02"，纬度：N35°26'38.8"）

样本类型：种子、枝条

生境信息

来源于当地，生于田间，地势平坦，该土地为耕地，土壤质地为壤土。种植年限8年，农户成片栽植。

植物学信息

1. 植株情况

乔木，树势中强，树姿直立，圆头形；树高4.5m，冠幅东西4m、南北4m，干高0.5m，干周20cm。

2. 植物学特征

主干褐色，树皮丝状裂，枝条中密。1年生枝红褐色，无光泽，中长、中粗，节间较短；叶片中厚，叶色绿；普通花形。

3. 果实性状

果实圆形，纵径6.3cm，横径6.7cm，侧径6.4cm；平均果重140~150g，最大果重180g；果面紫红色，部分有点红或红晕，底色浅绿色；缝合线宽浅，两侧对称；果顶短圆乳头状，顶洼中深，梗洼中广而中深、不皱；果皮中厚，茸毛多；果肉厚2.1cm，浅绿色，近核处玫瑰红色，果肉各部成熟度一致，质地致密，纤维中多且粗，汁液中多，风味甜；核大，离核，核不裂；果实可溶性固形物含量8.6%。

4. 生物学习性

中心主干生长势强，侧枝一年平均长50cm，萌芽力强，生长势强，新梢一年平均长16cm；5年开始结果，7~8年进入盛果期，坐果力强，生理落果少，采前落果少，丰产，大小年不显著，盛果期单株产量75~100kg；萌芽期4月上旬，开花期4月上旬，果实采收期9月上旬，落叶期11月中旬。

品种评价

高产、抗病，果实可食用；主要病虫害有蚜虫、潜叶蛾等；对寒、旱、涝、瘠、盐、风、日灼等恶劣环境抵抗能力较强；用嫁接方法进行繁殖。

生境

植株

果实

果实

果实

北车营桃 1 号

Amygdalus persica L. 'Beicheyingtao 1'

调查编号：LITZLJS063

所属树种：桃 *Amygdalus persica* L.

提 供 人：郑仲明
电　　话：13693616996
住　　址：北京市房山区林果服务中心

调 查 人：刘佳琴
电　　话：010－51503910
单　　位：北京市农林科学院农业综合发展研究所

调查地点：北京市房山区青龙湖镇北车营村

地理数据：GPS数据（海拔：184m，经度：E116°00'47"，纬度：N39°49'04"）

样本类型：果实、种子、枝条

生境信息

来源于当地，生于田间，地势平坦，该土地为耕地，土壤质地为壤土。种植年限50年，现存1株，种植农户为1户。

植物学信息

1. 植株情况

乔木，树势中等，树姿直立，圆头形。树高4.8m，冠幅东西4.2m、南北5.1m，干高0.40m，干周57cm；主干灰褐色，树皮丝状裂，枝条密集。

2. 植物学特征

1年生枝红褐色，有光泽；枝条中长、细，节间平均长2.0cm，皮目中大中多；枝条上单芽占60%，复芽占40%（以果枝中部计）；结果枝上花芽多，叶芽少，花芽肥大；芽顶端锐尖形，着生角度密接，茸毛多；叶片长13.5cm，宽3.6cm，中厚，叶色较绿；叶缘锯齿圆钝，齿尖有腺体；叶柄长0.89cm；普通花形，花冠直径4.8cm，粉红色（开花当日），花瓣多褶皱，卵形。

3. 果实性状

果实椭圆形，纵径7.9cm，横径6.3cm，侧径6.4cm；平均果重147g，最大果重162g；果面紫红色，部分有条红或红晕，底色乳黄色；缝合线较深，两侧不对称；果顶凸尖，梗洼广而中深；果皮中厚，茸毛中多，剥皮困难；果肉乳黄色，近核处同肉色，果肉各部成熟度一致，质地致密，韧，纤维少且细，汁液多，风味甜酸，香味淡，品质中等；核小，粘核，核不裂；果实可溶性固形物含量15%。

4. 生物学习性

中心主干生长势中等，骨干枝分枝角度45°；徒长枝少，枝条萌芽力、发枝力中等，1年生新梢平均长度88cm，生长势中等；该树3年开始结果，5年进入盛果期；长果枝占5%，中果枝占10%，短果枝占80%，腋花芽结果占5%；全树坐果，坐果力中等，生理落果少；产量较低，单株平均产量（盛果期）20kg；萌芽期3月下旬，开花期4月中下旬，果实采收期7月初，落叶期10月下旬。

品种评价

耐贫瘠，果实可食用；主要病虫害有蚜虫、潜叶蛾等；对寒、旱、涝、瘠、盐、风、日灼等恶劣环境抵抗能力弱；用嫁接方法进行繁殖。

植株

果实

叶片

果实

刘家店蟠桃

Amygdalus persica L. var. *compressa* Bean.
'Liujiadianpantao'

调查编号：LITZLJS064

所属树种：蟠桃 *Amygdalus persica* L. var. *compressa* Bean.

提 供 人：杨树忠
电　　话：13716217109
住　　址：北京市平谷区刘家店镇胡家店村

调 查 人：刘佳芩、王尚德、蒋海月
电　　话：13621257937
单　　位：北京市农林科学院农业综合发展研究所

调查地点：北京市平谷区刘家店镇刘家店村

地理数据：GPS数据（海拔：72m，经度：E116°59'56"，纬度：N40°14'39"）

样本类型：种子、枝条

生境信息

来源于当地，生于田间，地势平坦，该土地为耕地，土壤质地为壤土。种植年限7～8年，现存82500株，面积100hm²，种植农户为300户。

植物学信息

1. 植株情况

乔木，树势强，树姿直立，圆头形；树高3.5m，冠幅东西5.0m、南北4.9m，干高0.29m，干周55cm；主干灰色，树皮丝状裂，枝条密集。

2. 植物学特征

1年生枝紫红色，有光泽，枝条中长、细，节间平均长1.9cm，平均粗0.5cm；皮目中大、中多；枝条上单芽占15%，复芽占85%（以果枝中部计），结果枝上花芽多，叶芽少，花芽肥大；芽顶端锐尖形，着生角度中等，茸毛多；叶片长13.7cm，宽3.51cm，中厚，叶色浓绿；叶缘锯齿圆钝，齿尖有腺体；叶柄长0.9cm；普通花形，花冠直径4.32cm，粉红色（开花当日），花瓣椭圆形。

3. 果实性状

果实扁圆形，中大，纵径3.1cm，横径5.5cm，侧径5.9cm；平均果重130g，最大果重250g；果面玫瑰红色，部分有红晕，底色白色；缝合线不显著，两侧对称；果顶下凹，顶洼浅，梗洼广而深；果皮厚，茸毛多；剥皮困难；果肉白色，近核处同肉色，果肉各部成熟度一致，质地致密，肉脆，纤维少且细，汁液多，风味甜，香味浓，品质上；核小，粘核，核不裂；果实可溶性固形物含量15%，酸含量3.2%。

4. 生物学习性

中心主干生长势弱，骨干枝分枝角度45°，侧枝（6年生）长240cm；徒长枝少，枝条萌芽力强，发枝力强；1年生新梢平均长155cm，生长势中等；3年开始结果，6年进入盛果期；长果枝占18%，中果枝占33%，短果枝占45%，腋花芽结果占4%；全树上中部坐果，坐果力强，生理落果少，采前落果少；产量中等，大小年不显著，单株平均产量（盛果期）75kg；萌芽期3月下旬，开花期4月中下旬，果实采收期9月中旬，落叶期11月上旬。

品种评价

耐盐碱，耐贫瘠，果实可食用；主要病虫害有蚜虫、潜叶蛾等；对寒、旱、涝、瘠、盐、风、日灼等恶劣环境抵抗能力强；用嫁接方法进行繁殖。

生境

果

花

果实

北车营白桃

Amygdalus persica L. var. *alba* Schneid.
'Beicheyingbaitao'

调查编号：LITZLJS065

所属树种：白桃 *Amygdalus persica* L. var. *alba* Schneid.

提 供 人：郑仲明
电　　话：13693616996
住　　址：北京市房山区林果服务中心

调 查 人：刘佳梦
电　　话：010－51503910
单　　位：北京市农林科学院农业综合发展研究所

调查地点：北京市房山区青龙湖镇北车营村

地理数据：GPS数据（海拔：184m，经度：E116°00′47″，纬度：N39°49′04″）

样本类型：种子、枝条

生境信息

来源于当地，生于田间，地势平坦，该土地为耕地，土壤质地为壤土。种植年限50年，现存1株，种植农户为1户。

植物学信息

1. 植株情况

乔木，树势中等，树姿直立，圆头形；树高4.8m，冠幅东西4.2m、南北5.1m，干高0.40m，干周57cm；主干灰褐色，树皮丝状裂，枝条密集。

2. 植物学特征

1年生枝红褐色，有光泽；枝条中长、细，节间平均长2.0cm；皮目中大中多；枝条上单芽占60%，复芽占40%（以果枝中部计）；结果枝上花芽多，叶芽少，花芽肥大；芽顶端锐尖形，着生角度密接，茸毛多；叶片长13.5cm，宽3.6cm，中厚，叶色绿；叶缘锯齿圆钝，齿尖有腺体；叶柄长0.89cm；普通花形，花冠直径4.8cm，粉红色（开花当日），花瓣多褶皱，卵形。

3. 果实性状

果实椭圆形，纵径7.9cm，横径6.3cm，侧径6.4cm；平均果重147g，最大果重162g；果面紫红色，部分有条红或红晕，底色乳黄色；缝合线较深，两侧不对称；果顶突尖，梗洼广而中深；果皮中厚，茸毛少，剥皮困难；果肉乳黄色，近核处同肉色，各部成熟度一致，质地致密，肉脆，纤维少且细，汁液多，风味甜酸，香味淡，品质中等；核小，粘核，核不裂；果实可溶性固形物含量15%。

4. 生物学习性

中心主干生长势中等，骨干枝分枝角度45°；徒长枝少，枝条萌芽力、发枝力中等；1年生新梢平均长88cm，生长势中等；3年开始结果，5年进入盛果期；长果枝占5%，中果枝占10%，短果枝占80%，腋花芽结果占5%；全树坐果，坐果力中等、生理落果、采前落果少；产量低，单株平均产量（盛果期）20kg。萌芽期3月下旬，开花期4月中下旬，果实采收期7月初，落叶期10月下旬。

品种评价

耐贫瘠，果实可食用；主要病虫害有蚜虫、潜叶蛾等；对寒、旱、涝、瘠、盐、风、日灼等恶劣环境抵抗能力弱；用嫁接方法进行繁殖。

果实

叶片

花

刘家店桃 1 号

Amygdalus persica L. 'Liujiadiantao 1'

调查编号：LITZLJS066

所属树种：桃 *Amygdalus persica* L.

提 供 人：杨树忠
电　　话：13716217109
住　　址：北京市平谷区刘家店镇胡家店村

调 查 人：刘佳棽
电　　话：010－51503910
单　　位：北京市农林科学院农业综合发展研究所

调查地点：北京市平谷区刘家店镇刘家店村

地理数据：GPS数据（海拔：72m，经度：E116°59′56″，纬度：N40°14′39″）

样本类型：种子、枝条

生境信息

来源于当地，生于田间，地势平坦，该土地为耕地，土壤质地为壤土。种植年限8年，现存5株，种植农户为1户。

植物学信息

1. 植株情况

乔木，树势强，树姿直立，圆头形；树高4.1m，冠幅东西5.1m、南北5.2m，干高0.35m，干周51cm；主干灰色，树皮丝状裂，枝条密集。

2. 植物学特征

1年生枝绿色，有光泽，枝条中长、细，节间平均长2.2cm，平均粗0.5cm；皮目中大中多；枝条上单芽占10%，复芽占90%（以果枝中部计），结果枝上花芽多，叶芽少，花芽肥大；芽顶端锐尖形，着生角度中等，茸毛多；叶片长18cm，宽4.31cm，中厚，绿色；叶缘锯齿圆钝，齿尖有腺体；叶柄长1.1cm；普通花形，粉红色（开花当日）。

3. 果实性状

果实扁圆形，纵径5.27cm，横径5.47cm，侧径5.28cm；平均单果重80g，最大果重130g；果面玫瑰红色，部分有点红或红晕，底色浅绿黄色；缝合线不显著，两侧对称；果顶平齐，顶洼浅，梗洼广而浅；果皮薄，茸毛少，易剥皮；果肉浅绿色，近核处同肉色，果肉各部成熟度一致，质地致密，肉脆，纤维少且细，汁液多，风味甜，香味中等，品质上；核小，粘核，核不裂；果实可溶性固形物含量10%，酸含量3.02%，每百克果肉中含有维生素C3.69mg。

4. 生物学习性

中心主干生长势强，骨干枝分枝角度35°，侧枝（6年生）长242cm；徒长枝少，枝条萌芽力、发枝力强；1年生新梢平均长154cm，生长势强；该树3年开始结果，4年进入盛果期；长果枝占15%，中果枝占50%，短果枝占30%，腋花芽结果占5%；全树在上中部结果，坐果力强，生理落果、采前落果少，丰产；大小年结果不显著，单株平均产量（盛果期）50kg；萌芽期3月下旬，开花期4月中旬，果实采收期6月下旬，落叶期11月下旬。

品种评价

高产、优质、抗旱、适应性广，果实可食用；主要病虫害有蚜虫、红蜘蛛等；对寒、旱、涝、瘠、盐、风、日灼等恶劣环境抵抗能力一般；用嫁接方法进行繁殖。

植株

花

叶片

果实

北车营桃 2 号

Amygdalus persica L. 'Beicheyingtao 2'

調查编号：LITZLJS067

所属树种：桃 *Amygdalus persica* L.

提 供 人：郑仲明
电　　话：13693616996
住　　址：北京市房山区林果服务中心

调 查 人：刘佳棻
电　　话：010 – 51503910
单　　位：北京市农林科学院农业综
　　　　　合发展研究所

调查地点：北京市房山区青龙湖镇北
　　　　　车营村

地理数据：GPS数据（海拔：184m，
　　　　　经度：E116°00'47"，纬度：N39°49'04"）

样本类型：种子、枝条

生境信息

来源于当地，生于田间，地势平坦，该土地为耕地，土壤质地为壤土。种植年限11年，现存1株，种植农户为1户。

植物学信息

1. 植株情况

乔木，树势中等，树姿开张，圆头形；树高4.8m，冠幅东西4.2m、南北5.1m，干高0.40m，干周57cm；主干灰褐色，树皮丝状裂，枝条密集。

2. 植物学特征

1年生枝红褐色，有光泽，枝条中长、细，节间平均长2.0cm；皮目中大中多；枝条上单芽占10%、复芽占90%（以果枝中部计）；结果枝上花芽多，叶芽少，花芽肥大，芽顶端锐尖形，着生角度密接，茸毛多；叶片长15.5cm，宽4.4cm，中厚，浓绿，叶缘锯齿圆钝，齿尖有腺体；叶柄长0.89cm。普通花形，花冠直径4.2cm，粉红色（开花当日），花瓣多褶皱，卵形。

3. 果实性状

果实近圆形，纵径7.0cm，横径5.57cm，侧径5.87cm；平均果重118g，最大果重145g；果面紫红色，部分有条红或红晕，底色乳白色；缝合线不显著，两侧不对称；果顶突尖，顶洼无，梗洼中广而深；果皮中厚，茸毛少，剥皮困难；果肉乳白色，近核处同肉色，果肉各部成熟度一致，质地致密，肉脆，纤维中多、粗，汁液多，风味甜淡，香味淡，品质中等；核小，离核，核不裂；果实可溶性固形物含量9.0%。

4. 生物学习性

中心主干生长势中等，骨干枝分枝角度45°；徒长枝少，枝条萌芽力、发枝力中等；1年生新梢平均长88cm，生长势中等；3年开始结果，6年进入盛果期；长果枝占40%、中果枝占35%、短果枝占20%，腋花芽结占5%；全树坐果，坐果力中等，生理落果、采前落果少，丰产，单株平均产量（盛果期）50kg；3月下旬萌芽，4月中下旬开花，7月上旬果实成熟，10月下旬落叶。

品种评价

高产，耐贫瘠，果实可食用；主要病虫害有蚜虫、潜叶蛾等；对寒、旱、涝、瘠、盐、风、日灼等恶劣环境有强的抵抗能力；用嫁接方法进行繁殖。

果实

植株

叶片

辛庄桃 1 号

Amygdalus persica L. 'Xinzhuangtao 1'

调查编号：LITZLJS068

所属树种：桃 *Amygdalus persica* L.

提 供 人：王占国
电　　话：15801623250
住　　址：北京市平谷区王辛庄镇许
　　　　　家务村

调 查 人：刘佳芩、王尚德、蒋海月
电　　话：13621257937
单　　位：北京市农林科学院农业综
　　　　　合发展研究所

调查地点：北京市平谷区王辛庄镇许
　　　　　家务村

地理数据：GPS数据（海拔：212m，
　　　　　经度：E117°02'44"，纬度：N40°11'18"）

样本类型：种子、枝条

生境信息

来源于当地，生于旷野，地势平坦，该土地为耕地，土壤质地为壤土。种植年限15年，面积2hm²。

植物学信息

1. 植株情况

乔木，树势强，树姿半开张，圆头形；树高4.9m，冠幅东西5.0m、南北5.1m，干高0.40m，干周57cm；主干灰褐色，树皮丝状裂，枝条密集。

2. 植物学特征

1年生枝红褐色，有光泽，枝条中长、细，节间平均长2.2cm；皮目中大中多；枝条上单芽占10%，复芽占90%（以果枝中部计），结果枝上花芽多，叶芽少，花芽肥大；芽顶端锐尖形，着生角度密接，茸毛多；叶片长15.0cm，宽4.2cm，中厚，叶色浓绿；叶缘锯齿圆钝，齿尖有腺体；叶柄长0.91cm；普通花形，花冠直径4.7cm，粉红色（开花当日）。

3. 果实性状

果实近圆形，纵径7.6cm，横径7.4cm，侧径7.2cm；平均果重200g，最大果重650g；果面深红色，部分有条红或红晕，底色黄绿色；缝合线不显著，两侧对称；果顶圆形，梗洼狭且深；果皮中厚，茸毛少；果肉乳白色，近核处同肉色，果肉各部成熟度一致，质地致密，肉韧，纤维少且细，汁液多，风味甜，香味中等，品质上；核小，粘核，核不裂；果实可溶性固形物含量13.6%。

4. 生物学习性

中心主干生长势强，骨干枝分枝角度45°；徒长枝少，枝条萌芽力、发枝力强；1年生新梢平均长180cm，生长势强；2年开始结果，3～4年进入盛果期；长果枝占20%，中果枝占40%，短果枝占30%，腋花芽结果占10%；全树坐果，坐果力中等，生理落果、采前落果少；丰产，单株平均产量（盛果期）100kg；3月下旬萌芽，4月下旬开花，9月中下旬果实采收，10月下旬落叶。

品种评价

高产、优质、耐贫瘠、适应性广；果实可食用；主要病虫害有蚜虫、潜叶蛾等；对寒、旱、涝、瘠、盐、风、日灼等恶劣环境抵抗能力强；用嫁接方法进行繁殖。

生境

枝叶

桃林

果实

辛庄桃 2 号

Amygdalus persica L. 'Xinzhuangtao 2'

调查编号：LITZLJS069

所属树种：桃 *Amygdalus persica* L.

提供人：王占国
电　话：15801623250
住　址：北京市平谷区王辛庄镇许家务村

调查人：刘佳芩、王尚德、蒋海月
电　话：13621257937
单　位：北京市农林科学院农业综合发展研究所

调查地点：北京市平谷区王辛庄镇许家务村

地理数据：GPS数据（海拔：212m，经度：E117°02'44"，纬度：N40°11'18"）

样本类型：果实、种子

生境信息

来源于当地，生于旷野，地势平坦，该土地为耕地，土壤质地为壤土。种植年限15年，面积66.67hm²。

植物学信息

1. 植株情况

乔木，树势强，树姿半开张，圆头形；树高5.1m，冠幅东西5.0m、南北5.8m，干高0.45m，干周54cm；主干灰褐色，树皮丝状裂，枝条密集。

2. 植物学特征

1年生枝绿色，有光泽，枝条中长、细，节间平均长2.1cm；皮目中大中多；枝条上单芽占10%，复芽占90%（以果枝中部计），结果枝上花芽多，叶芽少，花芽肥大；芽顶端锐尖形，着生角度密接，茸毛多。叶片长15.5cm，宽4.3cm，中厚，叶色浓绿；叶缘锯齿圆钝，齿尖有腺体；叶柄长0.9cm；普通花形，花冠直径5.0cm，淡红色（开花当日）。

3. 果实性状

果实近圆形，纵径7.0cm，横径6.51cm，侧径7.2cm；平均果重200g，最大果重450g；果面深红色，部分有条红或红晕，底色乳白色；缝合线不显著，两侧对称；果顶圆形，梗洼中广中深；果皮厚，茸毛少；果肉乳白色，近核处同肉色，果肉各部成熟度一致，质地致密，肉韧，纤维少且细，汁液多，风味甜，香味中等，品质上；核小，离核，核不裂；果实可溶性固形物含量10.9%。

4. 生物学习性

中心主干生长势强，骨干枝分枝角度45°；徒长枝少，枝条萌芽力、发枝力强；1年生新梢平均长180cm，生长势强；2年开始结果，3～4年进入盛果期；长果枝占20%，中果枝占40%，短果枝占30%，腋花芽结果占10%；全树坐果，坐果力中等；生理落果、采前落果少，丰产，单株平均产量（盛果期）75kg；3月下旬萌芽，4月下旬开花，8月中旬果实采收，10月下旬落叶。

品种评价

高产、优质、耐贫瘠、适应性广；果实可食用；主要病虫害有蚜虫、潜叶蛾等；对寒、旱、涝、瘠、盐、风、日灼等恶劣环境抵抗能力强；用嫁接方法进行繁殖。

植株

叶片

花

辛庄桃 3 号

Amygdalus persica L. 'Xinzhuangtao 3'

调查编号：LITZLJS070

所属树种：桃 *Amygdalus persica* L.

提供人：王占国
电　话：15801623250
住　址：北京市平谷区王辛庄镇许家务村

调查人：刘佳芩、王尚德、蒋海月
电　话：13621257937
单　位：北京市农林科学院农业综合发展研究所

调查地点：北京市平谷区王辛庄镇许家务村

地理数据：GPS数据（海拔：212m，经度：E117°02'44"，纬度：N40°11'18"）

样本类型：种子、枝条

生境信息

来源于当地，生于旷野，地势平坦，该土地为耕地，土壤质地为壤土。种植年限15年，面积约333hm²。

植物学信息

1. 植株情况

乔木，树势中等，树姿半开张，圆头形；树高4.6m，冠幅东西4.8m、南北4.9m，干高0.45m，干周53cm；主干灰褐色，树皮丝状裂，枝条密集。

2. 植物学特征

1年生枝红褐色，有光泽，枝条中长、细，节间平均长2.1cm；皮目中大中多；枝条上单芽占10%，复芽占90%（以果枝中部计），结果枝上花芽多，叶芽少，花芽肥大，芽顶端锐尖形，着生角度密接，茸毛多；叶片长15.5cm，宽4.7cm、中厚、绿色；叶缘锯齿圆钝，齿尖有腺体，叶柄长0.9cm；普通花形，花冠直径4.7cm，淡红色（开花当日）。

3. 果实性状

果实近圆稍扁形，纵径6.8cm，横径7.25cm，侧径7.4cm；平均单果重220g，最大单果重650g；果面深红色，部分有条红，底色乳白色；缝合线不显著，两侧对称；果顶微凹，梗洼广、中深；果皮厚，茸毛少；果肉乳黄色，近核处同肉色，果肉各部成熟度一致，质地致密，肉韧，纤维少且细，汁液多，风味甜，香味中等，品质上；核小，粘核，核不裂；果实可溶性固形物含量13.6%。

4. 生物学习性

中心主干生长势强，骨干枝分枝角度45°；徒长枝少，枝条萌芽力、发枝力均强；1年生新梢平均长160cm，生长势强；2年开始结果，3～4年进入盛果期；长果枝占20%，中果枝占45%，短果枝占25%，腋花芽结果占10%；全树坐果，坐果力中等；生理落果、采前落果少，丰产，单株平均产量（盛果期）125kg；3月下旬萌芽，4月下旬开花；9月初果实采收，10月下旬落叶。

品种评价

高产、优质、耐贫瘠、适应性广；果实可食用；主要病虫害有蚜虫、潜叶蛾等；对寒、旱、涝、瘠、盐、风、日灼等恶劣环境抵抗能力强；用嫁接方法进行繁殖。

植株

花

叶片

果实

萝卜桃

Amygdalus persica L. 'Luobotao'

- 调查编号：LITZLJS071

- 所属树种：桃 *Amygdalus persica* L.

- 提 供 人：郑仲明
  电　　话：13693616996
  住　　址：北京市房山区林果服务中心

- 调 查 人：刘佳梦
  电　　话：010－51503910
  单　　位：北京市农林科学院农业综合发展研究所

- 调查地点：北京市房山区青龙湖镇北车营村

- 地理数据：GPS数据（海拔：184m，经度：E116°00'47"，纬度：N39°49'04"）

- 样本类型：种子、枝条

生境信息

来源于当地，生于田间，地势平坦，该土地为耕地，土壤质地为壤土。种植年限50年，现存1株，种植农户为1户。

植物学信息

1. 植株情况

乔木，树势中等，树姿直立，圆头形；树高4.8m，冠幅东西4.2m、南北5.1m，干高0.40m，干周57cm；主干灰褐色，树皮丝状裂，枝条密集。

2. 植物学特征

1年生枝红褐色，有光泽，枝条中长、细，节间平均长2.0cm；皮目中大中多；枝条上单芽占60%，复芽占40%（以果枝中部计），结果枝上花芽多，叶芽少。花芽肥大；芽顶端锐尖形，着生角度密接，茸毛多；叶片长13.5cm，宽3.6cm，中厚，绿色；叶缘锯齿圆钝，齿尖有腺体；叶柄长0.89cm；普通花形，花冠直径4.8cm，粉红色（开花当日），花瓣多褶皱，卵形。

3. 果实性状

果实椭圆形纵径7.9cm，横径6.3cm，侧径6.4cm；平均单果重147g，最大果重162g；果面紫红色，部分有条红或红晕，底色乳黄色；缝合线较深，两侧不对称；果顶凸尖，梗洼广、中深；果皮中厚，茸毛少，剥皮困难；果肉乳黄色，近核处同肉色，果肉各部成熟度一致，质地致密，肉韧，纤维少且细，汁液多，风味甜酸，香味淡，品质中等；核小，粘核，核不裂；果实可溶性固形物含量15%。

4. 生物学习性

中心主干生长势中等，骨干枝分枝角度45°；徒长枝少，枝条萌芽力、发枝力中等；1年生新梢平均长88cm，生长势中等；3年开始结果，5年进入盛果期；长果枝占5%，中果枝占10%，短果枝占80%，腋花芽结果占5%；全树坐果，坐果力中等；生理落果、采前落果少，产量低，单株平均产量（盛果期）20kg。3月下旬萌芽，4月中下旬开花；7月初果实成熟，10月下旬落叶。

品种评价

耐贫瘠，果实可食用；主要病虫害有蚜虫、潜叶蛾等；对寒、旱、涝、瘠、盐、风、日灼等恶劣环境抵抗能力弱；用嫁接方法进行繁殖。

植株

果实

花

傻子桃

Amygdalus persica L. 'Shazitao'

调查编号：LITZLJS072

所属树种：桃 *Amygdalus persica* L.

提 供 人：王占国
电　　话：15801623250
住　　址：北京市平谷区王辛庄镇许家务村

调 查 人：刘佳芬、王尚德、蒋海月
电　　话：13621257937
单　　位：北京市农林科学院农业综合发展研究所

调查地点：北京市平谷区王辛庄镇许家务村

地理数据：GPS数据（海拔：212m，经度：E117°02'44"，纬度：N40°11'18"）

样本类型：种子、枝条

生境信息

来源于当地，生于旷野，地势平坦，该土地为耕地，土壤质地为壤土。种植年限7年，现存150株，面积0.2hm²，种植农户为1户。

植物学信息

1. 植株情况

乔木，树势中等，树姿直立，圆头形；树高3.7m，冠幅东西5.2m、南北5.0m，干高0.45m，干周53cm；主干灰色，树皮丝状裂，枝条密集。

2. 植物学特征

1年生枝紫红色，有光泽，枝条中长、细，节间平均长2.0cm，平均粗0.5cm；皮目中大中多；枝条上单芽占12%，复芽占88%（以果枝中部计），结果枝上花芽多，叶芽少，花芽肥大，芽顶端锐尖形，着生角度密接，茸毛多；叶片长14.8cm，宽4.1cm，中厚，叶色浓绿；叶缘锯齿圆钝，齿尖有腺体；叶柄长0.8cm；普通花形，花冠直径4.0cm，淡红色（开花当日）。

3. 果实性状

果实圆形，纵径6.69cm，横径7.07cm，侧径7.46cm；平均果重480g，最大果重600g；果面玫瑰红色，部分有条红，底色浅绿色；缝合线不显著，两侧对称；果顶平齐，顶洼中深，梗洼狭且深；果皮薄，茸毛一般，剥皮困难；果肉厚6cm，白色，近核处同肉色，果肉各部成熟度一致，质地松软，肉脆，纤维中多且粗，汁液多，风味甜，香味浓，品质上；核中大，粘核，核不裂；果实可溶性固形物含量12%，酸含量3.1%，每百克果肉中含有维生素C4.14mg。

4. 生物学习性

无中心主干，骨干枝分枝角度45°；徒长枝少，枝条萌芽力、发枝力强；1年生新梢平均长160cm，生长势中强；3年开始结果，4年进入盛果期；长果枝占20%，中果枝占34%，短果枝占40%，腋花芽结果占6%；全树上中部坐果，坐果力强；生理落果、采前落果少，丰产，大小年不显著，单株平均产量（盛果期）67.5kg。萌芽期4月中下旬，开花期5月中旬；果实采收期9月中旬，落叶期11月下旬。

品种评价

高产、耐贫瘠；果实可食用；主要病虫害有蚜虫、潜叶蛾等；对寒、旱、涝、瘠、盐、风、日灼等恶劣环境抵抗能力较强；用嫁接方法进行繁殖。

植株

叶片

枝

果实

辛庄桃 4 号

Amygdalus persica L. 'Xinzhuangtao 4'

调查编号：LITZLJS073

所属树种：桃 *Amygdalus persica* L.

提 供 人：王占国
电　　话：15801623250
住　　址：北京市平谷区王辛庄镇许家务村

调 查 人：刘佳芩、王尚德、蒋海月
电　　话：13621257937
单　　位：北京市农林科学院农业综合发展研究所

调查地点：北京市平谷区王辛庄镇许家务村

地理数据：GPS数据（海拔：212m，经度：E117°02'44"，纬度：N40°11'18"）

样本类型：种子、枝条

生境信息

来源于当地，生于旷野，地势平坦，该土地为耕地，土壤质地为壤土。种植年限7年，现存6株，种植农户1户。

植物学信息

1. 植株情况

乔木，树势强，树姿直立，圆头形；树高5.0m，冠幅东西6.38m、南北5.6m，干高0.38m，干周45cm；主干深灰色，树皮丝状裂，枝条密集。

2. 植物学特征

1年生枝紫红色，有光泽，枝条长且中粗，节间平均长2.4cm，平均粗0.5cm；皮目大而中多；枝条上单芽占5%，复芽占95%（以果枝中部计），结果枝上花芽多，叶芽少，花芽肥大；芽顶端圆锥形，着生角度密接，茸毛多；叶片长14.5cm，宽4.2cm，中厚，绿色；叶缘锯齿圆钝，齿尖有腺体；叶柄长0.9cm。普通花形，淡红色（开花当日）。

3. 果实性状

果实卵圆形，纵径6.03cm，横径6.23cm，侧径6.21cm；平均单果重253g，最大单果重301g；果面玫瑰红色，部分有点红，底色浅绿色；缝合线不显著，两侧对称；果顶平齐，顶洼中深，梗洼广且浅；果皮厚，茸毛多；果肉厚2.8cm，浅绿色，近核处同肉色，果肉各部成熟度一致，质地致密，肉脆，纤维中多且细，汁液多，风味甜酸，香味浓，品质上；核大，粘核；果实可溶性固形物含量11.3%，酸含量3.08%，每百克果肉中含有维生素C4.02mg。

4. 生物学习性

无中心主干，骨干枝分枝角度50°，侧枝（5年生）长度300cm；徒长枝少，枝条萌芽力强，发枝力中强；1年生新梢平均长70cm，副梢生长量60cm，生长势中强；3年开始结果，5～7年进入盛果期；长果枝占33%，中果枝占35%，短果枝占18%，腋花芽结果占14%；全树坐果，坐果力中等；生理落果、采前落果少，丰产，大小年不显著，单株平均产量（盛果期）67.5kg；萌芽期3月下旬，开花期4月中下旬，果实采收期9月中旬，落叶期11月下旬。

品种评价

高产、优质、抗旱、耐贫瘠；果实可食用；主要病虫害有蚜虫、潜叶蛾等；对寒、旱、涝、瘠、盐、风、日灼等恶劣环境抵抗能力强。用嫁接方法进行繁殖。

植林

果实

叶片

枝条

辛庄桃 5 号

Amygdalus persica L. 'Xinzhuangtao 5'

调查编号：LITZLJS075

所属树种：桃 *Amygdalus persica* L.

提 供 人：王占国
电　　话：15801623250
住　　址：北京市平谷区王辛庄镇许家务村

调 查 人：刘佳芩、王尚德、蒋海月
电　　话：13621257937
单　　位：北京市农林科学院农业综合发展研究所

调查地点：北京市平谷区王辛庄镇许家务村

地理数据：GPS数据（海拔：212m，经度：E117°02'44"，纬度：N40°11'18"）

样本类型：种子、枝条

生境信息

来源于当地，生于旷野，地势平坦，该土地为耕地，土壤质地为壤土。种植年限7年，现存20株，种植农户1户。

植物学信息

1. 植株情况

乔木，树势强，树姿直立，圆头形；树高3.6m，冠幅东西5.3m、南北5m，干高0.35m，干周50cm；主干灰色，树皮丝状裂，枝条密集。

2. 植物学特征

1年生枝紫红色，有光泽，枝条中长、细，节间平均长2.1cm，平均粗0.5cm；皮目中大中多；枝条上单芽占10%，复芽占90%（以果枝中部计），结果枝上花芽多，叶芽少，花芽肥大；芽顶端锐尖形，着生角度密接，茸毛多；叶片较小，长13.1cm，宽4.0cm，中厚，绿色；叶缘锯齿圆钝，齿尖有腺体；叶柄长1.0cm。普通花形，花冠直径4.5cm，粉红色（开花当日）。

3. 果实性状

果实卵圆形，纵径6.32cm，横径6.21cm，侧径6.21cm；平均单果重196g，最大单果重262g；果面玫瑰红色，部分有条红，底色浅绿色；缝合线不显著，两侧对称；果顶形状下凹，顶洼中深，梗洼中广中深；果皮中厚，茸毛多；果肉厚2.9cm，乳黄色，近核处同肉色，各部成熟度一致，质地致密，肉韧，纤维中多且粗，汁液多，风味甜，香味中浓，品质中；核中大，粘核，核不裂；果实可溶性固形物含量10.6%，酸含量3.02%，每百克果肉中含有维生素C3.65mg。

4. 生物学习性

无中心主干，骨干枝分枝角度45°，侧枝（5年生）长度250cm；徒长枝少，枝条萌芽力、发枝力强；1年生新梢平均长60cm，副梢生长量40cm，生长势中强，3年开始结果，4～7年进入盛果期；长果枝占21%，中果枝占35%，短果枝占25%，腋花芽结果占19%；全树坐果，坐果力中强；生理落果、采前落果少，丰产，单株平均产量（盛果期）75kg。萌芽期3月下旬，开花期4月下旬，果实采收期9月中旬，落叶期11月下旬。

品种评价

高产、优质、耐贫瘠、适应性广；果实可食用；主要病虫害有蚜虫、潜叶蛾等；对寒、旱、涝、瘠、盐、风、日灼等恶劣环境抵抗能力强；用嫁接方法进行繁殖。

树林

果实

花

辛庄桃 6 号

Amygdalus persica L. 'Xinzhuangtao 6'

调查编号：LITZLJS076

所属树种：桃 *Amygdalus persica* L.

提 供 人：王占国
电　　话：15801623250
住　　址：北京市平谷区王辛庄镇许家务村

调 查 人：刘佳棽、王尚德、蒋海月
电　　话：13621257937
单　　位：北京市农林科学院农业综合发展研究所

调查地点：北京市平谷区王辛庄镇许家务村

地理数据：GPS数据（海拔：212m，经度：E117°02'44"，纬度：N40°11'18"）

样本类型：种子、枝条

生境信息

来源于当地，生于旷野，地势平坦，该土地为耕地，土壤质地为壤土。种植年限15年，现存100株，种植农户1户。

植物学信息

1. 植株情况

乔木，树势中强，树姿半开张，半圆形；树高3.5m，冠幅东西7.8m、南北5.6m，干高0.5m，干周72cm；主干灰色，树皮丝状裂，枝条中密。

2. 植物学特征

枝紫红色，有光泽，枝条中长中粗，节间平均长1.8cm，平均粗0.6cm；皮目椭圆形，中多；枝条上单芽占20%，复芽占80%（以果枝中部计），结果枝上花芽多，叶芽少，花芽肥大；芽顶端圆锥形，着生角度中等，茸毛多；叶片长15.2cm，宽4.5cm，中厚，绿色；叶缘锯齿圆钝，齿尖有腺体；叶柄长1.0cm；普通花形，花冠直径4.3cm，粉红色（开花当日）。

3. 果实性状

果实圆形，纵径6.59cm，横径6.82cm，侧径6.25cm；平均单果重245g，最大单果重325g；果面紫红色，部分有条红，底色浅绿色；缝合线不显著，两侧不对称；果顶短圆，顶洼中深，梗洼广而浅；果皮薄，茸毛多，剥皮困难；果肉厚2.9cm，浅绿色，近核处同肉色，果肉各部成熟度一致，质地致密，肉脆，纤维中多且细，汁液多，风味酸甜，香味浓，品质中；核中大，粘核；果实可溶性固形物含量12.5%，酸含量3.25%，每百克果肉中含有维生素C3.14mg。

4. 生物学习性

无中心主干，骨干枝分枝角度50°，侧枝（5年生）长400cm；徒长枝少，枝条萌芽力强，发枝力中强；1年生新梢平均长110cm，副梢生长量102cm，生长势中强；2年开始结果，3年进入盛果期；长果枝占60%，中果枝占20%，短果枝占10%，腋花芽结果占10%；全树坐果，坐果力强；生理落果、采前落果少，丰产，大小年不显著，单株平均产量（盛果期）75kg；萌芽期4月上旬，开花期5月上旬，果实采收期9月下旬，落叶期11月下旬。

品种评价

高产、适应性广，果实可食用；主要病虫害有蚜虫、潜叶蛾等；对寒、旱、涝、瘠、盐、风、日灼等恶劣环境抵抗能力较强；用嫁接方法进行繁殖。

植株

果实

叶片

北车营桃 3 号

Amygdalus persica L.'Beicheyingtao 3'

调查编号：LITZLJS077

所属树种：桃 *Amygdalus persica* L.

提 供 人：郑仲明
电　　话：13693616996
住　　址：北京市房山区林果服务中心

调 查 人：刘佳琴
电　　话：010－51503910
单　　位：北京市农林科学院农业综
　　　　　合发展研究所

调查地点：北京市房山区青龙湖镇北
　　　　　车营村

地理数据：GPS数据（海拔：184m，
　　　　　经度：E116°00'47"，纬度：N39°49'04"）

样本类型：种子、枝条

生境信息

来源于当地，生于田间，地势平坦，该土地为耕地，土壤质地为砂壤土。种植年限30年，现存1株，种植农户为1户。

植物学信息

1. 植株情况

乔木，树势中等，树姿半开张，半圆形；树高2.8m，冠幅东西3.2m、南北4.1m，干高0.20m，干周68cm；主干黑褐色，树皮丝状裂，枝条中密。

2. 植物学特征

1年生枝红褐色，枝条节间平均长2.3cm。枝条上单芽占80%，复芽占20%（以果枝中部计），结果枝上花芽多，叶芽少，花芽肥大；芽顶端圆锥形，茸毛多；叶片长12.1cm，宽3.3cm，中厚，绿色；叶缘锯齿圆钝，齿尖有腺体；普通花形，花冠直径5.0cm，中红色（开花当日）；花瓣无褶皱，椭圆形。

3. 果实性状

果实扁圆形，纵径2.5cm，横径5.0cm，侧径5.0cm；平均单果重41g，最大果重129g；果面玫瑰红色，部分有红晕，底色黄白色；缝合线较深，两侧对称；果顶下凹，梗洼广且浅；果皮中厚，茸毛少；果肉乳白色，近核处同肉色，果肉各部成熟度一致，质地致密，肉脆，纤维少且细，汁液中多，风味酸甜，香味中浓，品质中等；粘核；果实可溶性固形物含量12%。

4. 生物学习性

中心主干生长势中等，枝条萌芽力、发枝力中等；1年生新梢平均长124cm，生长势中等；3年开始结果，4~6年进入盛果期；长果枝占10%，中果枝占60%，短果枝占20%，腋花芽结果占10%，坐果力强；生理落果、采前落果少，产量中等，单株平均产量（盛果期）25kg。萌芽期3月下旬，开花期4月中旬，果实成熟期6月中下旬，落叶期10月下旬。

品种评价

抗旱、耐盐碱、耐贫瘠，果实可食用；主要病虫害有蚜虫、潜叶蛾等；对寒、旱、涝、瘠、盐、风、日灼等恶劣环境抵抗能力较好；用嫁接方法进行繁殖。

叶芽

青果

门头水蜜桃

Prunus persica .'Mentoushuimitao'

调查编号：LITZLJS078

所属树种：桃 *Amygdalus persica* L.

提 供 人：赵世良
电　　话：13693616996
住　　址：北京市海淀区四季青镇门头村

调 查 人：刘佳琴
电　　话：010－51503910
单　　位：北京市农林科学院农业综合发展研究所

调查地点：北京市海淀区四季青镇门头村果园

地理数据：GPS数据（海拔：65m，经度：E116°12'17"，纬度：N39°57'51"）

样本类型：种子、枝条

生境信息

来源于当地，生于田间，地势平坦，该土地为耕地，土壤质地为壤土。种植年限50年，现存1株，种植农户为1户。

植物学信息

1. 植株情况

乔木，树势中等，树姿直立，圆头形；树高4.8m，冠幅东西4.2m、南北5.1m，干高0.40m，干周57cm；主干灰褐色，树皮丝状裂，枝条密集。

2. 植物学特征

1年生枝红褐色，有光泽；枝条中长，节间平均长2.0cm；枝条上单芽占60%，复芽占40%（以果枝中部计），结果枝上花芽多，叶芽少，花芽肥大；芽顶端锐尖形，着生角度密接，茸毛多；叶片长13.5cm，宽3.6cm，中厚，绿色；叶缘锯齿圆钝，齿尖有腺体；叶柄长0.89cm；普通花形，花冠直径4.8cm，粉红色（开花当日）；花瓣多褶皱，卵形。

3. 果实性状

果实椭圆形，纵径7.9cm，横径6.3cm，侧径6.4cm；平均单果重147g，最大果重162g；果面紫红色，部分有条红或红晕，底色乳黄色；缝合线较深，两侧不对称；果顶凸尖，梗洼广且中深；果皮中厚，茸毛少，剥皮困难；果肉乳黄色，近核处同肉色，果肉各部成熟度一致，质地致密，肉韧，纤维少且细，汁液多，风味甜酸，香味淡，品质中等；核小，粘核，核不裂；果实可溶性固形物含量15%。

4. 生物学习性

中心主干生长势中等，骨干枝分枝角度45°；徒长枝少，枝条萌芽力、发枝力中等；1年生新梢平均长88cm，生长势中等；3年开始结果，5年进入盛果期；长果枝占5%，中果枝占10%，短果枝占80%，腋花芽结果占5%；全树坐果，坐果力中等；生理落果、采前落果少，产量低，单株平均产量（盛果期）20kg；萌芽期3月下旬，开花期4月中下旬，果实成熟期7月初，落叶期10月下旬。

品种评价

耐贫瘠，果实可食用；主要病虫害有蚜虫、潜叶蛾等；对寒、旱、涝、瘠、盐、风、日灼等恶劣环境抵抗能力弱；用嫁接方法进行繁殖。

植株

果实

秋蟠桃

Amygdalus persica L. var. *compressa* Bean. 'Qiupantao'

调查编号：CAOSYFYZ001

所属树种：蟠桃 *Amygdalus persica* L. var. *compressa* Bean.

提 供 人：冯玉增
电　　话：13938630498
住　　址：河南省开封市农林科学研究院

调 查 人：李好先
电　　话：13903834781
单　　位：中国农业科学院郑州果树研究所

调查地点：河南省开封市农林科学研究院

地理数据：GPS数据（海拔：72m，经度：E114°1549.77"，纬度：N34°46'18.44"）

样本类型：种子

生境信息

来源于当地，生于庭院，地形为坡地，北坡15°，该土地为耕地，土壤质地为壤土，pH6.9。种植年限3年。

植物学信息

1. 植株情况

乔木，树势强，树姿半开张，半圆形；树高2.5m，冠幅东西1.5m、南北1.5m，干高60cm，干周30cm；主干黑色，树皮块状裂，枝条密集。

2. 植物学特征

1年生枝紫红色，无光泽，枝条长而中粗，节间平均长2cm，枝条平均粗0.44cm；皮目凸、小而多，近圆形；枝条上单芽占45%，复芽占37%（以果枝中部计），结果枝上花芽中多，叶芽多，花芽肥大；芽顶端圆锥形，茸毛中多；叶片长11cm，宽3.5cm，叶片薄，叶色浓绿，近叶基部无褶缩，叶缘锯齿圆钝，齿尖无腺体；叶柄短而中粗，长2cm，带红色；普通花形，花冠直径3.5cm，淡红色（开花当日）；花瓣圆形，褶皱少，雄蕊花丝细，长8mm，茸毛多。

3. 果实性状

果实扁圆形，纵径4.01cm，横径5.06cm，侧径2.0cm；平均果重100g，最大果重120g；果面玫瑰红色，部分有斑红，底色浅绿色；缝合线宽浅，两侧不对称；果顶下凹，顶洼中深，梗洼狭而中深，皱；果皮薄，茸毛多，易剥皮；果肉厚1.3cm，乳黄色，近核处同肉色，果肉各部成熟度一致，质地松软，韧，纤维细而少，汁液多，风味甜，香味浓，品质极上；核中大，半离核，核不裂；果实可溶性固形物含量11.75%，可溶性糖含量6.35%，酸含量0.54%，每百克果肉中含有维生素C8.93mg。

4. 生物学习性

中心主干生长势强，骨干枝分枝角度30°，1年生侧枝长72.5cm；徒长枝多，枝条萌芽力、发枝力强；1年生新梢平均长58cm，副梢生长量42cm，生长势强；长果枝占25%，中果枝占35%，短果枝占40%，腋花芽结果占70%，果台副梢抽生及连续结果能力强；全树坐果，坐果力强；生理落果、采前落果多；丰产，大小年显著，单株平均产量（盛果期）100kg；萌芽期3月上旬，开花期4月中旬，果实采收期8月中旬，落叶期10月下旬。

品种评价

高产、抗病、耐贫瘠、适应性广，果实可食用；对寒、旱、涝、瘠、盐、风、日灼等恶劣环境抵抗能力强，对修剪反应不敏感；实生繁殖。

生境

花

叶片

花蕾

果实

开封毛桃

Amygdalus persica L. 'Kaifengmaotao'

调查编号：CAOSYFYZ002

所属树种：桃 *Amygdalus persica* L.

提 供 人：冯玉增
电　　话：13938630498
住　　址：河南省开封市农林科学研究院

调 查 人：李好先
电　　话：13903834781
单　　位：中国农业科学院郑州果树研究所

调查地点：河南省开封市农林科学研究院

地理数据：GPS数据（海拔：72m，经度：E114°1549.77″，纬度：N34°4618.44″）

样本类型：种子

生境信息

来源于当地，生于庭院，地形为坡地，北坡15°，该土地为耕地，土壤质地为壤土，pH6.9。种植年限5年。

植物学信息

1. 植株情况

乔木，树势强，树姿下垂，半圆形；树高2.5m，冠幅东西1.5m、南北1.5m，干高60cm，干周30cm；主干黑色，树皮块状裂，枝条密集。

2. 植物学特征

1年生枝紫红色，枝条长而中粗，节间平均长2cm，枝条平均粗0.44cm；皮目凸、小而多，近圆形；枝条上单芽占45%，复芽占37%（以果枝中部计），结果枝上花芽中多，叶芽多，花芽肥大；芽顶端圆锥形，着生角度分离，茸毛中多；叶片长9.0cm，宽3.0cm，薄，浓绿色，近叶基部无褶缩，叶缘锯齿圆钝，齿尖无腺体；叶柄短而中粗，长2cm，普通花形，花冠直径3.5cm，淡红色（开花当日）；花瓣圆形，褶皱少，雄蕊花丝细，长8mm，茸毛多。

3. 果实性状

果实扁圆形，纵径5.0cm，横径5.6cm，侧径5.0cm；平均果重100g，最大果重120g；果面玫瑰红色，部分有斑红，底色浅绿色；缝合线宽浅，两侧不对称；果顶下凹，顶洼中深，梗洼狭而中深，皱；果皮薄，茸毛多，易剥皮；果肉厚1.3cm，乳黄色，近核处同肉色，果肉各部成熟度一致，质地松软，韧，纤维细而少，汁液多，风味甜，香味浓，品质极上；核中大，半离核，核不裂；果实可溶性固形物含量11.75%，可溶性糖含量6.35%，酸含量0.54%，每百克果肉中含有维生素C8.93mg。

4. 生物学习性

中心主干生长势强，骨干枝分枝角度30°，1年生侧枝长72cm；徒长枝多，枝条萌芽力、发枝力强；1年生新梢平均长58cm，副梢生长量43cm，生长势强；长果枝占24%，中果枝占30%，短果枝占30%，腋花芽结果占70%，果台副梢抽生及连续结果能力强；全树坐果，坐果力强；生理落果、采前落果多；丰产，大小年显著，单株平均产量（盛果期）50kg；萌芽期3月上旬，开花期4月中旬，果实采收期9月上旬，落叶期10月下旬。

品种评价

高产、抗病、耐贫瘠、适应性广，果实可食用；对寒、旱、涝、瘠、盐、风、日灼等恶劣环境抵抗能力强，对修剪反应不敏感；实生繁殖。

叶片

果实

白伏桃

Amygdalus persica L. 'Baifutao'

调查编号：CAOSYFYZ003

所属树种：桃 *Amygdalus persica* L.

提 供 人：冯玉增
电　　话：13938630498
住　　址：河南省开封市农林科学研究院

调 查 人：李好先
电　　话：13903834781
单　　位：中国农业科学院郑州果树研究所

调查地点：河南省辉县市上八里镇上八里村上河坡

地理数据：GPS数据（海拔：258m，经度：E113°356.99"，纬度：N35°329.29"）

样本类型：种子

生境信息

来源于当地，生于庭院，地形为坡地，北坡15°，该土地为耕地，土壤质地为壤土，pH6.9。种植年限5年。

植物学信息

1. 植株情况

乔木，树势强，树姿下垂，半圆形；树高2.5m，冠幅东西1.4m、南北1.5m，干高60cm，干周32cm；主干黑色，树皮块状裂，枝条密集。

2. 植物学特征

1年生枝紫红色，枝条长而中粗，节间平均长2cm，枝条平均粗0.44cm；皮目凸、小而多，近圆形；枝条上单芽占45%，复芽占37%（以果枝中部计），结果枝上花芽中多，叶芽多，花芽肥大；芽顶端圆锥形，茸毛中多；叶片长10cm，宽5cm，薄，浓绿色，近叶基部无褶缩，叶缘锯齿圆钝，齿尖无腺体；叶柄短而中粗，长2cm，带红色；普通花形，花冠直径3.5cm；淡红色（开花当日）；花瓣圆形，褶皱少。

3. 果实性状

果实扁圆形，纵径5.0cm，横径5.1cm，侧径5.0cm；平均果重100g，最大果重130g；果面玫瑰红色，部分有斑红，底色浅绿色；缝合线宽浅，两侧不对称；果顶下凹，顶洼中深，梗洼狭而中深，皱；果皮薄，茸毛多，易剥皮；果肉厚1.3cm，乳黄色，近核处同肉色，果肉各部成熟度一致，质地松软，韧，纤维细而少，汁液多，风味甜，香味浓，品质极上；核中大，半离核，核不裂；果实可溶性固形物含量11.75%，可溶性糖含量6.35%，酸含量0.54%，每百克果肉中含有维生素C8.93mg。

4. 生物学习性

中心主干生长势强，骨干枝分枝角度30°，1年生侧枝长73.5cm；徒长枝多，枝条萌芽力、发枝力强；1年生新梢平均长60.5cm，副梢生长量45cm，生长势强；长果枝占25%，中果枝占35%，短果枝占40%，腋花芽结果占70%，果台副梢抽生及连续结果能力强；全树坐果，坐果力强；生理落果、采前落果多；丰产，大小年显著，单株平均产量（盛果期）45kg；萌芽期3月上旬，开花期4月中旬，果实采收期7月中旬，落叶期10月下旬。

品种评价

高产、抗病、耐贫瘠、适应性广，果实可食用；对寒、旱、涝、瘠、盐、风、日灼等恶劣环境抵抗能力强，对修剪反应不敏感；实生繁殖。

结果情况

萌芽状

叶片

青果

果实切面

大红脸桃

Amygdalus persica L. 'Dahongliantao'

调查编号：CAOSYFYZ004

所属树种：桃 *Amygdalus persica* L.

提 供 人：冯玉增
电　　话：13938630498
住　　址：河南省开封市农林科学研究院

调 查 人：李好先
电　　话：13903834781
单　　位：中国农业科学院郑州果树研究所

调查地点：河南省开封市农林科学研究院

地理数据：GPS数据（海拔：72m，经度：E114°15′49.77″，纬度：N34°46′18.44″）

样本类型：种子

生境信息

来源于当地，生于庭院，地形为坡地，北坡15°，该土地为耕地，土壤质地为壤土，pH6.9。种植年限5年。

植物学信息

1. 植株情况

乔木，树势强，树姿下垂，半圆形；树高2.3m，冠幅东西1.5m、南北1.3m，干高50cm，干周30cm；主干黑色，树皮块状裂，枝条密集。

2. 植物学特征

1年生枝紫红色，无光泽，枝条长而中粗，节间平均长2cm，枝条平均粗0.42cm；皮目凸、小而多，近圆形；枝条上单芽占45%，复芽占37%（以果枝中部计），结果枝上花芽中多，叶芽多，花芽肥大；芽顶端圆锥形，茸毛中多；叶片长12cm，宽3.8cm，薄，浓绿色，近叶基部无褶缩，叶缘锯齿圆钝，齿尖无腺体；叶柄短而中粗，长1.8cm，带红色；普通花形，花冠直径3.5cm，淡红色（开花当日）；花瓣圆形，褶皱少。

3. 果实性状

果实扁圆形，纵径5.8cm，横径5.6cm，侧径5.0cm；平均果重76g，最大果重120g；果面玫瑰红色，部分有斑红，底色浅绿色；缝合线宽浅，两侧不对称；果顶下凹，顶洼中深，梗洼狭而中深，皱；果皮薄，茸毛多，易剥皮；果肉厚1.3cm，乳黄色，近核处同肉色，果肉各部成熟度一致，质地松软、韧，纤维细而少，汁液多，风味甜，香味浓，品质极上；核中大，半离核，核不裂；果实可溶性固形物含量9%，可溶性糖含量6.35%，酸含量0.54%，每百克果肉中含有维生素C8.93mg。

4. 生物学习性

中心主干生长势强，骨干枝分枝角度30°，1年生侧枝长72cm；徒长枝多，枝条萌芽力、发枝力强；1年生新梢平均长59.5cm，副梢生长量45cm，生长势强；长果枝占30%，中果枝占30%，短果枝占25%，腋花芽结果占70%，果台副梢抽生及连续结果能力强；全树坐果，坐果力强，生理落果、采前落果多；丰产，大小年显著，单株平均产量（盛果期）25kg；萌芽期3月中旬，开花期4月上旬，果实采收期6月下旬，落叶期10月下旬。

品种评价

高产、抗病、耐贫瘠、适应性广，果实可食用；对寒、旱、涝、瘠、盐、风、日灼等恶劣环境抵抗能力强，对修剪反应不敏感；实生繁殖。

青果

花

花蕾

青果

果实

甜二伏桃

Amygdalus persica L. 'Tianerfutao'

调查编号：CAOSYFYZ005

所属树种：桃 *Amygdalus persica* L.

提 供 人：冯玉增
电　　话：13938630498
住　　址：河南省开封市农林科学研究院

调 查 人：李好先
电　　话：13903834781
单　　位：中国农业科学院郑州果树研究所

调查地点：河南省辉县市上八里镇上八里村上河坡

地理数据：GPS数据（海拔：258m，经度：E113°356.99"，纬度：N35°329.29"）

样本类型：种子

生境信息

来源于当地，生于庭院，地形为坡地，北坡15°，该土地为耕地，土壤质地为壤土，pH6.9。种植年限5年。

植物学信息

1. 植株情况

乔木，树势强，树姿下垂，半圆形；树高2.5m，冠幅东西1.1m、南北1.3m，干高50cm，干周35cm；主干黑色，树皮块状裂，枝条密集。

2. 植物学特征

1年生枝紫红色，无光泽，枝条长而中粗，节间平均长2cm，枝条平均粗0.44cm；皮目凸、小而多，近圆形；枝条上单芽占45%，复芽占37%（以果枝中部计），结果枝上花芽中多，叶芽多，花芽肥大；芽顶端圆锥形，茸毛中多；叶片长11cm，宽3.5cm，薄，浓绿色，近叶基部无褶缩，叶缘锯齿圆钝，齿尖无腺体；叶柄短而中粗，长2cm，带红色；普通花形，花冠直径3.5cm，淡红色（开花当日）；花瓣圆形，褶皱少。

3. 果实性状

果实扁圆形，纵径4.01cm，横径5.06cm，侧径5.0cm；平均果重51g，最大果重64g；果面紫红色，底色绿色；缝合线较深，两侧不对称；果顶下凹，顶洼中深，梗洼狭而中深，不皱；果皮中，茸毛多；果肉厚1.3cm，红色，近核处玫瑰红色，果肉各部成熟度一致，质地松软，韧，纤维中而细，汁液多，风味甜，香味中，品质中；核中大，离核，核不裂；果实可溶性固形物含量13%，可溶性糖含量7.8%，酸含量0.29%，每百克果肉中含有维生素C3.7mg。

4. 生物学习性

中心主干生长势强，骨干枝分枝角度30°，1年生侧枝长72.5cm；徒长枝多，枝条萌芽力、发枝力强；1年生新梢平均长58.5cm，副梢生长量44cm，生长势强；长果枝占25%，中果枝占35%，短果枝占40%，腋花芽结果占70%，果台副梢抽生及连续结果能力强；全树坐果，坐果力强；生理落果、采前落果多；丰产，大小年显著，单株平均产量（盛果期）100kg；萌芽期3月上旬，开花期3月下旬，果实采收期7月中旬，落叶期10月下旬。

品种评价

高产、抗病、耐贫瘠、适应性广，果实可食用；对寒、旱、涝、瘠、盐、风、日灼等恶劣环境抵抗能力强，对修剪反应不敏感；实生繁殖。

结果枝

花蕾

叶片

青果

果实

红心桃

Amygdalus persica L. 'Hongxintao'

调查编号：CAOSYFYZ006

所属树种：桃 *Amygdalus persica* L.

提 供 人：冯玉增
电　　话：13938630498
住　　址：河南省开封市农林科学研究院

调 查 人：李好先
电　　话：13903834781
单　　位：中国农业科学院郑州果树研究所

调查地点：河南省辉县市上八里镇上八里村上河坡

地理数据：GPS数据（海拔：258m，经度：E113°356.99"，纬度：N35°329.29"）

样本类型：种子

生境信息

来源于当地，生于庭院，地形为坡地，北坡15°，该土地为耕地，土壤质地为壤土，pH6.9。种植年限6年。

植物学信息

1. 植株情况

乔木，树势中等，树姿开张，半圆形；树高2.49m，冠幅东西1.3m、南北1.3m，干高60cm，干周35cm；主干黑色，树皮块状裂，枝条密集。

2. 植物学特征

1年生枝紫红色，无光泽，枝条长而中粗，节间平均长2cm，平均粗0.44cm；皮目凸、小而多、近圆形；枝条上单芽占45%，复芽占37%（以果枝中部计），结果枝上花芽中多，叶芽多，花芽肥大；芽顶端圆锥形，茸毛中多；叶片长11cm，宽3.5cm，薄，浓绿色，近叶基部无褶缩，叶缘锯齿圆钝，齿尖无腺体；叶柄短而中粗，长2cm，带红色；普通花形，花冠直径3.5cm，淡红色（开花当日）；花瓣圆形，褶皱少。

3. 果实性状

果实扁圆形，纵径5.9cm，横径6.48cm，侧径6.58cm；平均果重142.1g，最大果重160.4g；果面玫瑰红色，部分有斑红，底色浅绿色；缝合线宽浅，两侧不对称；果顶下凹，顶洼中深，梗洼狭而中深，皱；果皮薄，茸毛多，易剥皮；果肉厚1.3cm，乳黄色，近核处同肉色，果肉各部成熟度一致，质地松软，韧，纤维细而少，汁液多，风味甜，香味浓，品质极上；核中大，半离核，核不裂；果实可溶性固形物含量12.9%，可溶性糖含量9.68%，酸含量0.24%，每百克果肉中含有维生素C4.73mg。

4. 生物学习性

中心主干生长势强，骨干枝分枝角度30°，1年生侧枝长74cm；徒长枝多，枝条萌芽力、发枝力强；1年生新梢平均长62cm，副梢生长量45.8cm，生长势强；长果枝占19.2%，中果枝占38.5%，短果枝占42.1%，腋花芽结果占70%，果台副梢抽生及连续结果能力强；全树坐果，坐果力强；生理落果、采前落果多；丰产，大小年显著，单株平均产量（盛果期）35kg；萌芽期3月上旬，开花期4月中旬，果实采收期9月中旬，落叶期10月下旬。

品种评价

高产、抗病、耐贫瘠、适应性广，果实可食用；对寒、旱、涝、瘠、盐、风、日灼等恶劣环境抵抗能力强，对修剪反应不敏感；实生繁殖。

青果

果实

萌芽状

果实

青果

红半脸桃

Amygdalus persica L. 'Hongbanliantao'

调查编号：CAOSYFYZ007

所属树种：桃 *Amygdalus persica* L.

提 供 人：冯玉增
电　　话：13938630498
住　　址：河南省开封市农林科学研究院

调 查 人：李好先
电　　话：13903834781
单　　位：中国农业科学院郑州果树研究所

调查地点：河南省辉县市上八里镇上八里村上河坡

地理数据：GPS数据（海拔：258m，经度：E113°356.99"，纬度：N35°329.29"）

样本类型：种子

生境信息

来源于当地，生于庭院，地形为坡地，北坡15°，该土地为耕地，土壤质地为壤土，pH6.9。种植年限4年。

植物学信息

1. 植株情况

乔木，树势中等，树姿开张，半圆形；树高2.5m，冠幅东西1.1m、南北1.3m，干高40m，干周35cm；主干黑色，树皮块状裂，枝条密集。

2. 植物学特征

1年生枝紫红色，无光泽，枝条长而中粗，节间平均长2cm，平均粗0.44cm；皮目凸、小而多，近圆形；枝条上单芽占45%，复芽占37%（以果枝中部计），结果枝上花芽中多，叶芽多，花芽肥大；芽顶端圆锥形，茸毛中多；叶片长11cm，宽3.5cm，薄，浓绿色，近叶基部无褶缩，叶缘锯齿圆钝，齿尖无腺体；叶柄短而中粗，长2cm，带红色；普通花形，花冠直径3.5cm，淡红色（开花当日）；花瓣圆形，褶皱少。

3. 果实性状

果实扁圆形，纵径5.77cm，横径5.14cm，侧径5.0cm；平均果重82g，最大果重100g；果面部分有斑红，底色浅绿色；果顶下凹，顶洼中深，梗洼狭而中深，皱；果皮薄，茸毛多，易剥皮；果肉厚1.3cm，乳黄色，近核处同肉色，果肉各部成熟度一致，质地松软，韧，纤维细而少，汁液多，风味甜，香味浓，品质极上；核中大，半离核，核不裂；果实可溶性固形物含量13.8%，可溶性糖含量6.35%，酸含量0.29%，每百克果肉中含有维生素C8.93mg。

4. 生物学习性

中心主干生长势强，骨干枝分枝角度30°，1年生侧枝长73.5cm；徒长枝多，1年生新梢平均长59.5cm，副梢生长量45cm，生长势强；长果枝占25%，中果枝占35%，短果枝占40%，腋花芽结果占70%，果台副梢抽生及连续结果能力强；全树坐果，坐果力强；生理落果、采前落果多；丰产，大小年显著，单株平均产量（盛果期）100kg；萌芽期3月上旬，开花期4月中旬，果实采收期6月下旬，落叶期10月下旬。

品种评价

高产、抗病、耐贫瘠、适应性广，果实可食用；对寒、旱、涝、瘠、盐、风、日灼等恶劣环境抵抗能力强，对修剪反应不敏感；实生繁殖；对土壤、地势、栽培条件无严格要求。

植株

花

花蕾

果实

果实剖面

酸倒牙桃

Amygdalus persica L. 'Suandaoyatao'

调查编号：CAOSYFYZ008

所属树种：桃 *Amygdalus persica* L.

提 供 人：冯玉增
电　　话：13938630498
住　　址：河南省开封市农林科学研究院

调 查 人：李好先
电　　话：13903834781
单　　位：中国农业科学院郑州果树研究所

调查地点：河南省辉县市上八里镇上八里村头道沟北坡

地理数据：GPS数据（海拔：319m，经度：E113°35'11.78"，纬度：N35°32'26.19"）

样本类型：种子

生境信息

　　来源于当地，生于庭院，地形为坡地，北坡15°，该土地为耕地，土壤质地为壤土，pH6.9。种植年限5年。

植物学信息

1. 植株情况

　　乔木，树势强，树姿直立，半圆形；树高2.3m，冠幅东西1.1m、南北1.2m，干高40m，干周27cm；主干黑色，树皮块状裂，枝条密集。

2. 植物学特征

　　1年生枝紫红色，无光泽，枝条长而中粗，节间平均长2cm，平均粗0.44cm；皮目凸、小而多，近圆形；枝条上单芽占45%，复芽占37%（以果枝中部计），结果枝上花芽中多，叶芽多，花芽肥大；芽顶端圆锥形，茸毛中多；叶片长11cm，宽3.5cm，薄，浓绿色，近叶基部无褶缩，叶缘锯齿圆钝，齿尖无腺体；叶柄短而中粗，长2cm；普通花形；花冠直径3.5cm；淡红色（开花当日）；花瓣圆形，褶皱少。

3. 果实性状

　　果实扁圆形，纵径4.0cm，横径5.0cm，侧径5.0cm；平均果重51g，最大果重64g；果面玫瑰红色，部分有斑红，底色浅绿色；缝合线宽浅，两侧不对称；果顶下凹，顶洼中深，梗洼狭而中深，皱；果皮薄，茸毛多，易剥皮；果肉厚1.3cm，乳黄色，近核处同肉色，果肉各部成熟度一致，质地松软，韧，纤维细而少，汁液多，风味甜，香味浓，品质极上；核中大，半离核，核不裂；果实可溶性固形物含量12.5%，可溶性糖含量6.35%，酸含量0.54%，每百克果肉中含有维生素C8.93mg。

4. 生物学习性

　　中心主干生长势强，骨干枝分枝角度30°，1年生侧枝长72.5cm；徒长枝多，枝条萌芽力、发枝力强；1年生新梢平均长59cm，副梢生长量43cm，生长势强；长果枝占25%，中果枝占35%，短果枝占40%，腋花芽结果占70%，果台副梢抽生及连续结果能力强；全树坐果，坐果力强；生理落果、采前落果多；丰产，大小年显著，单株平均产量（盛果期）100kg；萌芽期3月上旬，开花期4月中旬，果实采收期7月上旬，落叶期10月下旬。

品种评价

　　高产、抗病、耐贫瘠、适应性广，果实可食用；对寒、旱、涝、瘠、盐、风、日灼等恶劣环境抵抗能力强，对修剪反应不敏感；实生繁殖。

青果

花蕾

花

叶片

青大桃

Amygdalus persica L. 'Qingdatao'

调查编号：CAOSYFYZ009

所属树种：桃 *Amygdalus persica* L.

提 供 人：冯玉增
电　　话：13938630498
住　　址：河南省开封市农林科学研究院

调 查 人：李好先
电　　话：13903834781
单　　位：中国农业科学院郑州果树研究所

调查地点：河南省辉县市上八里镇马头口村北坡

地理数据：GPS数据（海拔：392m，经度：E113°37'18.51"，纬度：N35°31'34.48"）

样本类型：种子

生境信息

来源于当地，生于庭院，地形为坡地，北坡15°，该土地为耕地，土壤质地为壤土，pH6.9。种植年限5年。

植物学信息

1. 植株情况

乔木，树势强，树姿下垂，半圆形；树高2.5m，冠幅东西1.4m、南北1.3m，干高50m，干周38cm；主干黑色，树皮块状裂，枝条密集。

2. 植物学特征

1年生枝紫红色，无光泽，枝条长而中粗，节间平均长2cm，平均粗0.44cm；皮目凸、小而多，近圆形；枝条上单芽占45%，复芽占37%（以果枝中部计），结果枝上花芽中多，叶芽多，花芽肥大；芽顶端圆锥形，茸毛中多；叶片长18.2cm，宽4.5cm，薄，浓绿色，近叶基部无褶缩，叶缘锯齿圆钝，齿尖无腺体；叶柄短而中粗，长1cm；普通花形；花冠直径3.5cm；淡红色（开花当日）；花瓣圆形，褶皱少。

3. 果实性状

果实扁圆形，纵径4.8cm，横径5.76cm，侧径5.5cm；平均果重251g，最大果重480g；果面玫瑰红色，部分有斑红，底色浅绿色；缝合线宽浅，两侧不对称；果顶下凹，顶洼中深，梗洼狭而中深，皱；果皮薄，茸毛多，易剥皮；果肉厚1.3cm，乳黄色，近核处同肉色，果肉各部成熟度一致；果肉质地松软，韧，纤维细而少，汁液多，风味甜，香味浓，品质极上；核中大，半离核，核不裂；果实可溶性固形物含量10%，可溶性糖含量9.32%，酸含量0.39%，每百克果肉中含有维生素C8.93mg。

4. 生物学习性

中心主干生长势强，骨干枝分枝角度30°，1年生侧枝长72cm；徒长枝多，枝条萌芽力、发枝力强；1年生新梢平均长58.5cm，副梢生长量45cm，生长势强；长果枝占25%，中果枝占35%，短果枝占40%，腋花芽结果占70%，果台副梢抽生及连续结果能力强；全树坐果，坐果力强；生理落果、采前落果多；丰产，大小年显著，单株平均产量（盛果期）100kg；萌芽期3月上旬，开花期4月上旬，果实采收期6月下旬，落叶期10月下旬。

品种评价

高产、抗病、耐贫瘠、适应性广，果实可食用；对寒、旱、涝、瘠、盐、风、日灼等恶劣环境抵抗能力强，对修剪反应不敏感；实生繁殖。

花蕾

花

叶片

青果

青色熟桃

Amygdalus persica L. 'Qingseshutao'

调查编号：CAOSYFYZ010

所属树种：桃 *Amygdalus persica* L.

提 供 人：冯玉增
电　　话：13938630498
住　　址：河南省开封市农林科学研究院

调 查 人：李好先
电　　话：13903834781
单　　位：中国农业科学院郑州果树研究所

调查地点：河南省辉县市上八里镇马头口村北坡

地理数据：GPS数据（海拔：392m，经度：E113°37'18.51"，纬度：N35°31'34.48"）

样本类型：种子

生境信息

来源于当地，生于庭院，地形为坡地，北坡15°，该土地为耕地，土壤质地为壤土，pH6.9。种植年限5年。

植物学信息

1. 植株情况

乔木，树势强，树姿下垂，半圆形；树高2.3m，冠幅东西1.2m、南北1.3m，干高40m，干周32cm；主干黑色，树皮块状裂，枝条密集。

2. 植物学特征

1年生枝紫红色，无光泽，枝条长而中粗，节间平均长2cm，平均粗0.38cm；皮目凸、小而多，近圆形；枝条上单芽占45%，复芽占37%（以果枝中部计），结果枝上花芽中多，叶芽多，花芽肥大；芽顶端圆锥形，茸毛中多；叶片长16.8cm，宽4.3cm，薄，浓绿色，近叶基部无褶缩，叶缘锯齿圆钝，齿尖无腺体；叶柄短而中粗，长1.3cm；普通花形；花冠直径3.5cm；淡红色（开花当日）；花瓣圆形，褶皱少。

3. 果实性状

果实扁圆形，纵径4.01cm，横径5.06cm，侧径5.0cm；平均果重51g，最大果重64g；果面玫瑰红色，部分有斑红，底色浅绿色；缝合线宽浅，两侧不对称；果顶下凹，顶洼中深，梗洼狭而中深，皱；果皮薄，茸毛多，易剥皮；果肉厚1.3cm，乳黄色，近核处同肉色，果肉各部成熟度一致；果肉质地松软，韧，纤维细而少，汁液多，风味甜，香味浓，品质极上；核中大，半离核，核不裂；果实可溶性固形物含量11.8%，可溶性糖含量6.35%，酸含量0.54%，每百克果肉中含有维生素C8.93mg。

4. 生物学习性

中心主干生长势强，骨干枝分枝角度30°，1年生侧枝长73cm；徒长枝多，枝条萌芽力、发枝力强；1年生新梢平均长90cm，副梢生长量45cm，生长势强；长果枝占19.3%，中果枝占47.9%，短果枝占32.7%，腋花芽结果占70%，果台副梢抽生及连续结果能力强；全树坐果，坐果力强；生理落果、采前落果多；丰产，大小年显著，单株平均产量（盛果期）100kg；萌芽期3月上旬，开花期4月中旬，果实采收期8月中旬，落叶期10月下旬。

品种评价

高产、抗病、耐贫瘠、适应性广，果实可食用；对寒、旱、涝、瘠、盐、风、日灼等恶劣环境抵抗能力强，对修剪反应不敏感；实生繁殖。

结果枝

花

花蕾

叶片

果实剖面

粉姑娘桃

Amygdalus persica L. 'Fenguniangtao'

调查编号：CAOSYFYZ011

所属树种： 桃 *Amygdalus persica* L.

提 供 人： 冯玉增
电　　话： 13938630498
住　　址： 河南省开封市农林科学研究院

调 查 人： 李好先
电　　话： 13903834781
单　　位： 中国农业科学院郑州果树研究所

调查地点： 河南省辉县市上八里镇马头口村北坡

地理数据： GPS数据（海拔：392m，经度：E113°37'18.51"，纬度：N35°31'34.48"）

样本类型： 种子

生境信息

来源于当地，生于庭院，地形为坡地，北坡15°，该土地为耕地，土壤质地为壤土，pH6.9。种植年限5年。

植物学信息

1. 植株情况

乔木，树势强，树姿下垂，半圆形；树高2.4m，冠幅东西1.1m、南北1.3m，干高40m，干周30cm；主干黑色，树皮块状裂，枝条密集。

2. 植物学特征

1年生枝紫红色，无光泽，枝条长而中粗，节间平均长2cm，平均粗0.44cm；皮目凸、小而多，近圆形；枝条上单芽占45%，复芽占37%（以果枝中部计），结果枝上花芽中多，叶芽多，花芽肥大；芽顶端圆锥形，茸毛中多；叶片长12.9cm，宽4.1cm，薄，浓绿色，近叶基部无褶缩，叶缘锯齿圆钝，齿尖无腺体；叶柄短而中粗，长2cm；普通花形，花冠直径3.2cm，淡红色（开花当日）；花瓣圆形，褶皱少。

3. 果实性状

果实扁圆形，纵径5.9cm，横径5.5cm，侧径5.0cm；平均果重102g，最大果重120g；果面玫瑰红色，部分有斑红，底色浅绿色；缝合线宽浅，两侧不对称；果顶下凹，顶洼中深，梗洼狭而中深，皱；果皮薄，茸毛多，易剥皮；果肉厚1.4cm，乳黄色，近核处同肉色，果肉各部成熟度一致，质地松软，韧，纤维细而少，汁液多，风味甜，香味浓，品质极上；核中大，半离核，核不裂；果实可溶性固形物含量12%，可溶性糖含量6.35%，酸含量0.54%，每百克果肉中含有维生素C8.93mg。

4. 生物学习性

中心主干生长势强，骨干枝分枝角度30°，1年生侧枝长73.5cm；徒长枝多，枝条萌芽力、发枝力强；1年生新梢平均长59cm，副梢生长量44.5cm，生长势强；长果枝占25%，中果枝占35%，短果枝占40%，腋花芽结果占70%，果台副梢抽生及连续结果能力强；全树坐果，坐果力强；生理落果、采前落果多；丰产，大小年显著，单株平均产量（盛果期）100kg；萌芽期3月上旬，开花期4月中旬，果实采收期8月中旬，落叶期10月下旬。

品种评价

高产、抗病、耐贫瘠、适应性广，果实可食用；对寒、旱、涝、瘠、盐、风、日灼等恶劣环境抵抗能力强，对修剪反应不敏感；实生繁殖。

青果

花

叶芽

花蕾

叶片

平顶秋桃

Amygdalus persica L. 'Pingdingqiutao'

调查编号：CAOSYFYZ012

所属树种：桃 *Amygdalus persica* L.

提 供 人：冯玉增
电　　话：13938630498
住　　址：河南省开封市农林科学研究院

调 查 人：李好先
电　　话：13903834781
单　　位：中国农业科学院郑州果树研究所

调查地点：河南省辉县市上八里镇马头口村北坡

地理数据：GPS数据（海拔：392m，经度：E113°37'18.51"，纬度：N35°31'34.48"）

样本类型：种子

生境信息

来源于当地，生于庭院，地形为坡地，北坡15°，该土地为耕地，土壤质地为壤土，pH6.9。种植年限5年。

植物学信息

1. 植株情况

乔木，树势强，树姿下垂，半圆形；树高2.5m，冠幅东西1.5m、南北1.3m，干高50m，干周35cm；主干黑色，树皮块状裂，枝条密集。

2. 植物学特征

1年生枝紫红色，无光泽，枝条长而中粗，节间平均长2cm，平均粗0.44cm；皮目凸、小而多，近圆形；枝条上单芽占45%，复芽占37%（以果枝中部计），结果枝上花芽中多，叶芽多，花芽肥大；芽顶端圆锥形，茸毛中多；叶片长14.4cm，宽4.3cm，薄，浓绿色，近叶基部无褶缩，叶缘锯齿圆钝，齿尖无腺体；叶柄短而中粗，长2cm；普通花形，花冠直径3.5cm，淡红色（开花当日）；花瓣圆形，褶皱少。

3. 果实性状

果实扁圆形，纵径5.4cm，横径5.3cm，侧径5.0cm；平均果重86.4g，最大果重103g；果面玫瑰红色，部分有斑红，底色浅绿色；缝合线宽浅，两侧不对称；果顶下凹，顶洼中深，梗洼狭而中深，皱；果皮薄，茸毛多，易剥皮；果肉厚1.3cm，乳黄色，近核处同肉色，果肉各部成熟度一致，质地松软，韧，纤维细而少，汁液多，风味甜，香味浓，品质极上；核中大，半离核，核不裂；果实可溶性固形物含量11%，可溶性糖含量6.35%，酸含量0.54%，每百克果肉中含有维生素C8.93mg。

4. 生物学习性

中心主干生长势强，骨干枝分枝角度30°，1年生侧枝长74cm；徒长枝多，枝条萌芽力、发枝力强；1年生新梢平均长62cm，副梢生长量46cm，生长势强；长果枝占25%，中果枝占35%，短果枝占40%，腋花芽结果占70%，果台副梢抽生及连续结果能力强；全树坐果，坐果力强；生理落果、采前落果多；丰产，大小年显著，单株平均产量（盛果期）100kg；萌芽期3月上旬，开花期4月中旬，果实采收期8月中旬，落叶期10月下旬。

品种评价

高产、抗病、耐贫瘠、适应性广，果实可食用；对寒、旱、涝、瘠、盐、风、日灼等恶劣环境抵抗能力强，对修剪反应不敏感；实生繁殖。

青果

花

花蕾

叶片

结果枝

小甜桃

Amygdalus persica L. 'Xiaotiantao'

調查编号：CAOSYFYZ013

所属树种：桃 *Amygdalus persica* L.

提供人：冯玉增
电　话：13938630498
住　址：河南省开封市农林科学研
　　　　究院

调查人：李好先
电　话：13903834781
单　位：中国农业科学院郑州果树
　　　　研究所

调查地点：河南省辉县市上八里镇马
　　　　头口村北坡

地理数据：GPS数据（海拔：392m，
　　　　经度：E113°37′18.51″，纬度：N35°31′34.48″）

样本类型：种子

生境信息

来源于当地，生于庭院，地形为坡地，北坡15°，该土地为耕地，土壤质地为壤土，pH6.9。种植年限5年。

植物学信息

1. 植株情况

乔木，树势强，树姿下垂，半圆形；树高2.6m，冠幅东西1.2m、南北1.3m，干高45m，干周30cm；主干黑色，树皮块状裂，枝条密集。

2. 植物学特征

1年生枝紫红色，无光泽，枝条长而中粗，节间平均长2cm，平均粗0.42cm；皮目凸、小而多，近圆形；枝条上单芽占45%，复芽占37%（以果枝中部计），结果枝上花芽中多，叶芽多，花芽肥大；芽顶端圆锥形，茸毛中多；叶片长13.6cm，宽3.9cm，薄，浓绿色，近叶基部无褶缩，叶缘锯齿圆钝，齿尖无腺体；叶柄短而中粗，长2cm；普通花形；花冠直径3.5cm，淡红色（开花当日）；花瓣圆形，褶皱少。

3. 果实性状

果实扁圆形，纵径4.01cm，横径5.06cm，侧径5.0cm；平均果重78.4g，最大果重90g；果面玫瑰红色，部分有斑红，底色浅绿色；缝合线宽浅，两侧不对称；果顶下凹，顶洼中深，梗洼狭而中深，皱；果皮薄，茸毛多，易剥皮；果肉厚1.3cm，乳黄色，近核处同肉色，果肉各部成熟度一致，质地松软，韧，纤维细而少，汁液多，风味甜，香味浓，品质极上；核中大，半离核，核不裂；果实可溶性固形物含量9.4%，可溶性糖含量6.35%，酸含量0.54%，每百克果肉中含有维生素C8.93mg。

4. 生物学习性

中心主干生长势强，骨干枝分枝角度30°，1年生侧枝长72cm；徒长枝多，枝条萌芽力、发枝力强；1年生新梢平均长56cm，副梢生长量41cm，生长势强；长果枝占25%，中果枝占35%，短果枝占30%，腋花芽结果占70%，果台副梢抽生及连续结果能力强；全树坐果，坐果力强；生理落果、采前落果多；丰产，大小年显著，单株平均产量（盛果期）100kg；萌芽期3月上旬，开花期4月中旬，果实采收期9月中旬，落叶期10月下旬。

品种评价

高产、抗病、耐贫瘠、适应性广，果实可食用；对寒、旱、涝、瘠、盐、风、日灼等恶劣环境抵抗能力强，对修剪反应不敏感；实生繁殖。

青果

叶片

花

花蕾

里外红桃

Amygdalus persica L. 'Liwaihongtao'

调查编号：CAOSYFYZ014

所属树种：桃 *Amygdalus persica* L.

提 供 人：冯玉增
电　　话：13938630498
住　　址：河南省开封市农林科学研究院

调 查 人：李好先
电　　话：13903834781
单　　位：中国农业科学院郑州果树研究所

调查地点：河南省辉县市上八里镇马头口村北坡

地理数据：GPS数据（海拔：392m，经度：E113°37'18.51"，纬度：N35°31'34.48"）

样本类型：种子

生境信息

来源于当地，生于庭院，地形为坡地，北坡15°，该土地为耕地，土壤质地为壤土，pH6.9。种植年限5年。

植物学信息

1. 植株情况

乔木，树势强，树姿下垂，半圆形；树高2.0m，冠幅东西1.11m、南北1.3m，干高39m，干周37cm；主干黑色，树皮块状裂，枝条密集。

2. 植物学特征

1年生枝紫红色，无光泽，枝条长而中粗，节间平均长2cm，平均粗0.44cm；皮目凸、小而多，近圆形；枝条上单芽占45%，复芽占37%（以果枝中部计），结果枝上花芽中多，叶芽多，花芽肥大；芽顶端圆锥形，茸毛中多；叶片长12cm，宽3.3cm，薄，浓绿色，近叶基部无褶缩，叶缘锯齿圆钝，齿尖无腺体；叶柄短而中粗，长2cm；普通花形，花冠直径3.5cm，淡红色（开花当日），花瓣圆形，褶皱少。

3. 果实性状

果实扁圆形，纵径4.2cm，横径5.0cm，侧径5.0cm；平均果重70g，最大果重85g；果面玫瑰红色，部分有斑红，底色浅绿色；缝合线宽浅，两侧不对称；果顶下凹，顶洼中深，梗洼狭而中深，皱；果皮薄，茸毛多，易剥皮；果肉厚1.3cm，乳黄色，近核处同肉色，果肉各部成熟度一致，质地松软，韧，纤维细而少，汁液多，风味甜，香味浓，品质极上；核中大，半离核，核不裂；果实可溶性固形物含量11.75%，可溶性糖含量6.35%，酸含量0.54%，每百克果肉中含有维生素C8.93mg。

4. 生物学习性

中心主干生长势强，骨干枝分枝角度30°，1年生侧枝长71cm；徒长枝多，枝条萌芽力、发枝力强；1年生新梢平均长57cm，副梢生长量43cm，生长势强；长果枝占26%，中果枝占32%，短果枝占40%，腋花芽结果占70%，果台副梢抽生及连续结果能力强；全树坐果，坐果力强；生理落果、采前落果多；丰产，大小年显著，单株平均产量（盛果期）100kg；萌芽期3月上旬，开花期4月中旬，果实采收期9月中旬，落叶期10月下旬。

品种评价

高产、抗病、耐贫瘠、适应性广，果实可食用；对寒、旱、涝、瘠、盐、风、日灼等恶劣环境抵抗能力强，对修剪反应不敏感；实生繁殖。

青果

花

叶片

花蕾

开口笑桃

Amygdalus persica L. 'Kaikouxiaotao'

调查编号: CAOSYFYZ015

所属树种: 桃 *Amygdalus persica* L.

提 供 人: 冯玉增
电　　话: 13938630498
住　　址: 河南省开封市农林科学研究院

调 查 人: 李好先
电　　话: 13903834781
单　　位: 中国农业科学院郑州果树研究所

调查地点: 河南省辉县市上八里镇马头口村北坡

地理数据: GPS数据（海拔：392m，经度：E113°37'18.51"，纬度：N35°31'34.48"）

样本类型: 种子

生境信息

来源于当地，生于庭院，地形为坡地，北坡15°，该土地为耕地，土壤质地为壤土，pH6.9。种植年限5年。

植物学信息

1. 植株情况

乔木，树势强，树姿开张，半圆形；树高1.9m，冠幅东西1.1m、南北1.1m，干高45m，干周30cm；主干黑色，树皮块状裂，枝条密集。

2. 植物学特征

1年生枝紫红色，无光泽，枝条长而中粗，节间平均长2cm，平均粗0.4cm；皮目凸、小而多，近圆形；枝条上单芽占45%，复芽占37%（以果枝中部计），结果枝上花芽中多，叶芽多，花芽肥大；芽顶端圆锥形，茸毛中多；叶片长14.57cm，宽3.94cm，薄，浓绿色，近叶基部无褶缩，叶缘锯齿圆钝，齿尖无腺体；叶柄短而中粗，长2cm，带红色；普通花形，花冠直径3.5cm，淡红色（开花当日）；花瓣圆形，褶皱少。

3. 果实性状

果实扁圆形，纵径4.48cm，横径4.15cm，侧径4.52cm；平均果重53.5g，最大果重64g；果面玫瑰红色，部分有斑红，底色浅绿色；缝合线宽浅，两侧不对称；果顶下凹，顶洼中深，梗洼狭而中深，皱；果皮薄，茸毛多，易剥皮；果肉厚1.3cm，乳黄色，近核处同肉色，果肉各部成熟度一致，质地松软，韧，纤维细而少，汁液多，风味甜，香味浓，品质极上；核中大，半离核，核不裂；果实可溶性固形物含量15.4%，可溶性糖含量9.03%，酸含量0.79%，每百克果肉中含有维生素C7.28mg。

4. 生物学习性

中心主干生长势强，骨干枝分枝角度30°，1年生侧枝长71.5cm；徒长枝多，枝条萌芽力、发枝力强；1年生新梢平均长58.5cm，副梢生长量42.5cm，生长势强；长果枝占30.51%，中果枝占20.63%，短果枝占25.79%，腋花芽结果占70%，果台副梢抽生及连续结果能力强；全树坐果，坐果力强；生理落果、采前落果多；丰产，大小年显著，单株平均产量（盛果期）100kg；萌芽期3月上旬，开花期4月中旬，果实采收期9月中旬，落叶期10月下旬。

品种评价

高产、抗病、耐贫瘠、适应性广，果实可食用；对寒、旱、涝、瘠、盐、风、日灼等恶劣环境抵抗能力强，对修剪反应不敏感；实生繁殖。

结果状

叶片

青果

花

花蕾

小背嘴桃

Amygdalus persica L. 'Xiaobeizuitao'

调查编号: CAOSYFYZ016

所属树种: 桃 *Amygdalus persica* L.

提供人: 冯玉增
电话: 13938630498
住址: 河南省开封市农林科学研究院

调查人: 李好先
电话: 13903834781
单位: 中国农业科学院郑州果树研究所

调查地点: 河南省辉县市上八里镇马头口村北坡

地理数据: GPS数据（海拔: 392m, 经度: E113°37′18.51″, 纬度: N35°31′34.48″）

样本类型: 种子

生境信息

来源于当地，生于庭院，地形为坡地，北坡15°，该土地为耕地，土壤质地为壤土，pH6.9。种植年限5年。

植物学信息

1. 植株情况

乔木，树势强，树姿下垂，半圆形；树高2.5m，冠幅东西1.1m、南北1.2m，干高29m，干周29cm；主干黑色，树皮块状裂，枝条密集。

2. 植物学特征

1年生枝紫红色，无光泽，枝条长而中粗，节间平均长2cm，平均粗0.44cm；皮目凸、小而多，近圆形；枝条上单芽占45%，复芽占37%（以果枝中部计），结果枝上花芽中多，叶芽多，花芽肥大；芽顶端圆锥形，茸毛中多；叶片长14.69cm，宽4.05cm，薄，叶浓绿色，近叶基部无褶缩，叶缘锯齿圆钝，齿尖无腺体；叶柄短而中粗，长2cm；普通花形，花冠直径3.5cm，淡红色（开花当日）；花瓣圆形，褶皱少。

3. 果实性状

果实扁圆形，纵径4.5cm，横径2.9cm，侧径2.0cm；平均果重55g，最大果重68g；果面玫瑰红色，部分有斑红，底色浅绿色；缝合线宽浅，两侧不对称；果顶下凹，顶洼中深，梗洼狭而中深，皱；果皮薄，茸毛多，易剥皮；果肉厚1.3cm，乳黄色，近核处同肉色，果肉各部成熟度一致，质地松软，韧，纤维细而少，汁液多，风味甜，香味浓，品质极上；核中大，半离核，核不裂；果实可溶性固形物含量15.5%，可溶性糖含量11.81%，酸含量0.29%，每百克果肉中含有维生素C10.91mg。

4. 生物学习性

中心主干生长势强，骨干枝分枝角度30°，1年生侧枝长72.5cm；徒长枝多，枝条萌芽力、发枝力强；1年生新梢平均长59cm，副梢生长量44cm，生长势强；长果枝占25%，中果枝占35%，短果枝占40%，腋花芽结果占70%，果台副梢抽生及连续结果能力强；全树坐果，坐果力强；生理落果、采前落果多；丰产，大小年显著，单株平均产量（盛果期）100kg；萌芽期3月上旬，开花期4月中旬，果实采收期9月中旬，落叶期10月下旬。

品种评价

高产、抗病、耐贫瘠、适应性广，果实可食用；对寒、旱、涝、瘠、盐、风、日灼等恶劣环境抵抗能力强，对修剪反应不敏感；实生繁殖。

青果

叶片

花

花蕾

秋白桃

Amygdalus persica L. 'Qiubaitao'

调查编号：CAOSYFYZ017

所属树种：桃 *Amygdalus persica* L.

提 供 人：冯玉增
电　　话：13938630498
住　　址：河南省开封市农林科学研究院

调 查 人：李好先
电　　话：13903834781
单　　位：中国农业科学院郑州果树研究所

调查地点：河南省辉县市上八里镇上八里村头道沟北坡

地理数据：GPS数据（海拔：319m，经度：E113°35′11.78″，纬度：N35°32′26.19″）

样本类型：种子

生境信息

来源于当地，生于庭院，地形为坡地，北坡15°，该土地为耕地，土壤质地为壤土，pH6.9。种植年限5年。

植物学信息

1. 植株情况

乔木，树势强，树姿开张，半圆形；树高2.5m，冠幅东西1.1m、南北1.3m，干高30m，干周35cm；主干黑色，树皮块状裂，枝条密集。

2. 植物学特征

1年生枝紫红色，无光泽，枝条长而中粗，节间平均长2cm，平均粗0.44cm；皮目凸、小而多，近圆形；枝条上单芽占45%，复芽占37%（以果枝中部计），叶芽多，花芽肥大；芽顶端圆锥形，着生角度分离，茸毛中多；叶片长14.38cm，宽3.66cm，薄，浓绿色，近叶基部无褶缩，叶缘锯齿圆钝，齿尖无腺体；叶柄短而中粗，长0.9cm，带红色；普通花形，花冠直径3.5cm，淡红色（开花当日）；花瓣圆形，褶皱少，雄蕊花丝细，长8mm，茸毛多。蜜盘褐黄色（谢花后5日）。

3. 果实性状

果实扁圆形，纵径4.01cm，横径5.06cm，侧径5.0cm；平均果重122g，最大果重164g；果面玫瑰红色，部分有斑红，底色浅绿；果顶下凹，顶洼中深，梗洼狭而中深，皱；果皮薄，茸毛多，易剥皮；果肉厚1.3cm，乳黄色，近核处同肉色，果肉各部成熟度一致，质地松软，韧，纤维细而少，汁液多，风味甜，香味浓，品质极上；核中大，半离核，核不裂；果实可溶性固形物含量11.0%，可溶性糖含量5.29%，酸含量0.38%，每百克果肉中含有维生素C6.73mg。

4. 生物学习性

中心主干生长势强，骨干枝分枝角度30°，1年生侧枝长74cm；徒长枝多，枝条萌芽力、发枝力强；1年生新梢平均长61cm，副梢生长量44cm，生长势强；长果枝占25%，中果枝占35%，短果枝占40%，腋花芽结果占70%，果台副梢抽生及连续结果能力强；全树坐果，坐果力强；生理落果、采前落果多；丰产，大小年显著，单株平均产量（盛果期）100kg；萌芽期3月上旬，开花期4月中旬，果实采收期9月中旬，落叶期10月下旬。

品种评价

高产、抗病、耐贫瘠、适应性广，果实可食用；对寒、旱、涝、瘠、盐、风、日灼等恶劣环境抵抗能力强，对修剪反应不敏感；实生繁殖。

青果

花

植株

叶片

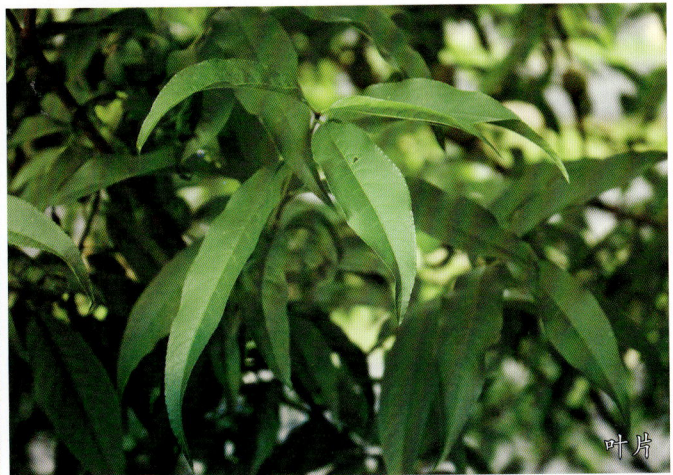

秋红脸桃

Amygdalus persica L. 'Qiuhongliantao'

调查编号：CAOSYFYZ018

所属树种：桃 *Amygdalus persica* L.

提 供 人：冯玉增
电　　话：13938630498
住　　址：河南省开封市农林科学研究院

调 查 人：李好先
电　　话：13903834781
单　　位：中国农业科学院郑州果树研究所

调查地点：河南省辉县市上八里镇上八里村头道沟北坡

地理数据：GPS数据（海拔：319m，经度：E113°35′11.78″，纬度：N35°32′26.19″）

样本类型：种子

生境信息

来源于当地，生于庭院，地形为坡地，北坡15°，该土地为耕地，土壤质地为壤土，pH6.9。种植年限5年。

植物学信息

1. 植株情况

乔木，树势强，树姿下垂，半圆形；树高2.1m，冠幅东西1.1m、南北1.0m，干高37cm，干周32cm；主干黑色，树皮块状裂，枝条密集。

2. 植物学特征

1年生枝紫红色，无光泽，枝条长而中粗，节间平均长2cm，平均粗0.38cm；皮目凸、小而多，近圆形；枝条上单芽占45%，复芽占37%（以果枝中部计），结果枝上花芽中多，叶芽多，花芽肥大；芽顶端圆锥形，茸毛中多；叶片长12cm，宽3.6cm，薄，叶色浓绿，近叶基部无褶缩，叶缘锯齿圆钝，齿尖无腺体；叶柄短而中粗，长1.2cm；普通花形，花冠直径3.5cm，淡红色（开花当日）；花瓣圆形，褶皱少。

3. 果实性状

果实扁圆形，纵径4.2cm，横径5.2cm，侧径5.0cm；平均果重80g，最大果重89g；果面玫瑰红色，部分有斑红，底色浅绿色；缝合线宽浅，两侧不对称；果顶下凹，顶洼中深，梗洼狭而中深，皱；果皮薄，茸毛多，易剥皮；果肉厚1.3cm，乳黄色，近核处同肉色，果肉各部成熟度一致，质地松软，韧，纤维细而少，汁液多，风味甜，香味浓，品质极上；核中大，半离核，核不裂；果实可溶性固形物含量12.5%，可溶性糖含量6.3%，酸含量0.32%，每百克果肉中含有维生素C8.93mg。

4. 生物学习性

中心主干生长势强，骨干枝分枝角度30°，1年生侧枝长73.5cm；徒长枝多，枝条萌芽力、发枝力强；1年生新梢平均长59cm，副梢生长量43cm，生长势强；长果枝占25%，中果枝占35%，短果枝占40%，腋花芽结果占70%，果台副梢抽生及连续结果能力强；全树坐果，坐果力强；生理落果、采前落果多；丰产，大小年显著，单株平均产量（盛果期）100kg；萌芽期3月上旬，开花期4月中旬，果实采收期9月中旬，落叶期10月下旬。

品种评价

高产、抗病、耐贫瘠、适应性广，果实可食用；对寒、旱、涝、瘠、盐、风、日灼等恶劣环境抵抗能力强，对修剪反应不敏感；实生繁殖。

青果

叶片

花

植株

花蕾

秋红心桃

Amygdalus persica L. 'Qiuhongxintao'

调查编号：CAOSYFYZ019

所属树种：桃 *Amygdalus persica* L.

提 供 人：冯玉增
电 话：13938630498
住 址：河南省开封市农林科学研究院

调 查 人：李好先
电 话：13903834781
单 位：中国农业科学院郑州果树研究所

调查地点：河南省辉县市上八里镇上八里村头道沟北坡

地理数据：GPS数据（海拔：319m，经度：E113°35′11.78″，纬度：N35°32′26.19″）

样本类型：种子

生境信息

来源于当地，生于庭院，地形为坡地，北坡15°，该土地为耕地，土壤质地为壤土，pH6.9。种植年限4年。

植物学信息

1. 植株情况

乔木，树势强，树姿下垂，半圆形；树高2.2m，冠幅东西0.95m、南北1.3m，干高38m，干周32cm；主干黑色，树皮块状裂，枝条密集。

2. 植物学特征

1年生枝紫红色，无光泽，枝条长而中粗，节间平均长2cm，平均粗0.44cm；皮目凸、小而多，近圆形；枝条上单芽占45%，复芽占37%（以果枝中部计），结果枝上花芽中多，叶芽多，花芽肥大；芽顶端圆锥形，茸毛中多；叶片长12.3cm，宽3.2cm，薄，浓绿色，近叶基部无褶缩，叶缘锯齿圆钝，齿尖无腺体；叶柄短而中粗，长0.9cm，带红色；普通花形，花冠直径3.5cm，淡红色（开花当日）；花瓣圆形，褶皱少。

3. 果实性状

果实扁圆形，纵径4.3cm，横径5.1cm，侧径5.2cm；平均果重80g，最大果重95g；果面玫瑰红色，部分有斑红，底色浅绿色；缝合线宽浅，两侧不对称；果顶下凹，顶洼中深，梗洼狭而中深，皱；果皮薄，茸毛多，易剥皮；果肉厚1.3cm，乳黄色，近核处同肉色，果肉各部成熟度一致，质地松软，韧，纤维细而少，汁液多，风味甜，香味浓，品质极上；核中大，半离核，核不裂；果实可溶性固形物含量12.35%，可溶性糖含量6.26%，酸含量0.31%，每百克果肉中含有维生素C8.45mg。

4. 生物学习性

中心主干生长势强，骨干枝分枝角度30°，1年生侧枝长75cm；徒长枝多，枝条萌芽力、发枝力强；1年生新梢平均长60cm，副梢生长量45cm，生长势强；长果枝占25%，中果枝占30%，短果枝占42%，腋花芽结果占70%，果台副梢抽生及连续结果能力强；全树坐果，坐果力强；生理落果、采前落果多；丰产，大小年显著，单株平均产量（盛果期）50kg；萌芽期3月上旬，开花期4月中旬，果实采收期8月中旬，落叶期10月下旬。

品种评价

高产、抗病、耐贫瘠、适应性广，果实可食用；对寒、旱、涝、瘠、盐、风、日灼等恶劣环境抵抗能力强，对修剪反应不敏感；实生繁殖。

植株

花

果实

花蕾

红尖嘴桃

Amygdalus persica L. 'Hongjianzuitao'

调查编号：CAOSYFYZ020

所属树种：桃 *Amygdalus persica* L.

提 供 人：冯玉增
电　　话：13938630498
住　　址：河南省开封市农林科学研究院

调 查 人：李好先
电　　话：13903834781
单　　位：中国农业科学院郑州果树研究所

调查地点：河南省辉县市上八里镇上八里村头道沟北坡

地理数据：GPS数据（海拔：319m，经度：E113°35'11.78"，纬度：N35°32'26.19"）

样本类型：种子

生境信息

来源于当地，生于庭院，地形为坡地，北坡15°，该土地为耕地，土壤质地为壤土，pH6.9。种植年限5年。

植物学信息

1. 植株情况

乔木，树势强，树姿下垂，半圆形；树高2.3m，冠幅东西1.2m、南北1.3m，干高35cm，干周35cm；主干黑色，树皮块状裂，枝条密集。

2. 植物学特征

1年生枝紫红色，无光泽，枝条长而中粗，节间平均长2cm，平均粗0.44cm；皮目凸、小而多，近圆形；枝条上单芽占45%，复芽占37%（以果枝中部计），结果枝上花芽中多，叶芽多，花芽肥大；芽顶端圆锥形，茸毛中多；叶片长13cm，宽3.2cm，薄，浓绿色，近叶基部无褶缩，叶缘锯齿圆钝，齿尖无腺体；叶柄短而中粗，长0.8cm；普通花形，花冠直径3.7cm；淡红色（开花当日）；花瓣圆形，褶皱少。

3. 果实性状

果实扁圆形，纵径4.8cm，横径5.2cm，侧径5.0cm；平均果重90g，最大果重115g；果面玫瑰红色，部分有斑红，底色浅绿色；缝合线宽浅，两侧不对称；果顶下凹，顶洼中深，梗洼狭而中深，皱；果皮薄，茸毛多，易剥皮；果肉厚1.3cm，乳黄色，近核处同肉色，果肉各部成熟度一致，质地松软，韧，纤维细而少，汁液多，风味甜，香味浓，品质极上；核中大，半离核，核不裂；果实可溶性固形物含量11.75%，可溶性糖含量6.35%，酸含量0.54%，每百克果肉中含有维生素C8.93mg。

4. 生物学习性

中心主干生长势强，骨干枝分枝角度30°，1年生侧枝长80cm；徒长枝多，枝条萌芽力、发枝力强；1年生新梢平均长60cm，副梢生长量45cm，生长势强；长果枝占23%，中果枝占36%，短果枝占38%，腋花芽结果占70%，果台副梢抽生及连续结果能力强；全树坐果，坐果力强；生理落果、采前落果多；丰产，大小年显著，单株平均产量（盛果期）100kg；萌芽期3月上旬，开花期4月中旬，果实采收期8月中旬，落叶期10月下旬。

品种评价

高产、抗病、耐贫瘠、适应性广，果实可食用；对寒、旱、涝、瘠、盐、风、日灼等恶劣环境抵抗能力强，对修剪反应不敏感；实生繁殖。

花

青果

青果

叶片

胭脂红桃

Amygdalus persica L. 'Yanzhihongtao'

调查编号：CAOSYLHX202

所属树种：桃 *Amygdalus persica* L.

提 供 人：陈广洲
电　　话：15549777891
住　　址：湖北省随州市随县均川镇
　　　　　盛茂冲村4组

调 查 人：谢恩忠
电　　话：13908663530
单　　位：湖北省随州市林业局

调查地点：湖北省随州市随县均川镇
　　　　　盛茂冲村4组

地理数据：GPS数据（海拔：81m，
经度：E113°12'39.8"，纬度：N38°40'55.6"）

样本类型：叶、枝条

生境信息

来源于当地，生于庭院，地势平坦，土壤质地为砂壤土。种植年限15年，现存2株，种植农户1户。

植物学信息

1. 植株情况

乔木，树势中等，树姿开张，乱头形；树高6m，冠幅东西4m、南北5m，干高1m，干周60cm；主干灰色，树皮丝状裂，枝条疏。

2. 植物学特征

1年生枝红褐色，无光泽；枝条长、中粗，节间平均长5cm，平均粗0.3cm；皮目凸、中大而少，近圆形；单芽占45%，复芽占37%（以果枝中部计），结果枝上花芽较多，叶芽多。花芽肥大，芽顶端圆锥形，茸毛较多；叶片中大，长9cm，宽2cm；中厚，绿色，近叶基部无褶缩，叶缘锐状锯齿，齿尖无腺体；叶柄中长中粗，长1cm，本色；普通花形，花冠直径3.5cm，淡红色（开花当日）；花瓣圆形，褶皱少。

3. 果实性状

果实尖圆形，小，纵径3.413cm，横径2.703cm，侧径2.807cm；平均果重15.2g，最大果重18g；面色紫红色，底色浅绿色，部分有红晕；缝合线宽浅，缝合线两侧对称；果顶尖圆，顶洼中深，梗洼广而中深，不皱；果皮薄，茸毛多，剥皮困难；果肉厚0.911cm，浅绿色，近核处同肉色，果肉各部成熟度一致，质地致密，脆，纤维多而粗，汁液中多，风味酸甜，香味淡，品质下；核中大，粘核，核不裂；果实可溶性固形物含量13.64%，可溶性糖含量7.05%，酸含量0.66%，每百克果肉中含有维生素C 10.28mg。

4. 生物学习性

中心主干生长势弱，骨干枝分枝角度15°，1年生侧枝长8cm；徒长枝少，枝条萌芽力弱，发枝力弱，1年生新梢平均长8cm，副梢生长量35cm；3年开始结果，5年进入盛果期；长果枝占80%，中果枝占10%，短果枝占10%，腋花芽结果占75%，果台副梢抽生及连续结果能力强；全树坐果，坐果力中等，生理落果多，采前落果多，产量低，大小年显著，单株平均产量（盛果期）40kg；萌芽期3月下旬，开花期4月上旬，果实采收期8月下旬，落叶期10月下旬。

品种评价

耐贫瘠，果实可食用；对寒、旱、涝、瘠、盐、风、日灼等恶劣环境抵抗能力强，对修剪反应不敏感；实生繁殖。

生境

芽

植株

叶片

楼房桃 1 号

Prunus persica . 'Loufangtao 1'

调查编号：CAOSYLYQ019

所属树种：桃 *Amygdalus persica* L.

提 供 人：李永清
电　　话：13513222022
住　　址：河北省保定市阜平县林业局

调 查 人：李好先
电　　话：13903834781
单　　位：中国农业科学院郑州果树研究所

调查地点：河北省保定市阜平县阜平镇楼房村

地理数据：GPS数据（海拔：600m，经度：E114°03'40.5"，纬度：N38°48'48.0"）

样本类型：种子、叶片、枝条

生境信息

来源于当地，生于庭院，地势平坦，该土地为耕地，土壤质地为砂壤土。种植年限45年，现存1株。

植物学信息

1. 植株情况

乔木，树势弱，树姿开张，圆锥形；树高6m，冠幅东西6m、南北6m，干高0.9m，干周60cm；主干灰色，树皮丝状裂，枝条疏。

2. 植物学特征

1年生枝红色，无光泽，枝条短、中粗，节间平均长1cm；平均粗0.2cm；皮目凸、中大而多，近圆形；单芽占45%，复芽占37%（以果枝中部计），结果枝上花芽中多，叶芽多，花芽肥大；芽顶端圆锥形，茸毛中多；叶片长9cm，宽2cm，中厚，绿色，近叶基部无褶缩，叶缘锐状锯齿，齿尖无腺体；叶柄长1cm；普通花形，花冠直径3.5cm，淡红色（开花当日），花瓣圆形，褶皱少。

3. 果实性状

果实尖圆形，纵径3.413cm，横径2.703cm，侧径2.807cm；平均果重15.2g，最大果重18g；果面紫红色，部分有红晕，底色浅绿色；缝合线宽浅，两侧对称；果顶尖圆，顶洼中深，梗洼广而中深，不皱；果皮薄，茸毛多，剥皮困难；果肉厚0.911cm，浅绿色，近核处同肉色；果肉各部成熟度一致，质地致密，脆，纤维多而粗，汁液中多，风味酸甜，香味淡，品质下；核中大，粘核，核不裂；果实可溶性固形物含量13.64%，可溶性糖含量7.05%，酸含量0.66%，每百克果肉中含有维生素C10.28mg。

4. 生物学习性

中心主干生长势弱，骨干枝分枝角度15°，1年生侧枝长8cm；徒长枝少，枝条萌芽力弱，发枝力弱，1年生新梢平均长8cm，副梢生长量35cm，生长势中等；3年开始结果，5年进入盛果期；长果枝占80%，中果枝占10%，短果枝占10%，腋花芽结果占75%，果台副梢抽生及连续结果能力强；全树坐果，坐果力中等；生理落果多，采前落果多；产量低，大小年显著；单株平均产量（盛果期）40kg；萌芽期3月下旬，开花期4月上旬，果实采收期8月下旬，落叶期10月下旬。

品种评价

耐贫瘠，果实可食用；对寒、旱、涝、瘠、盐、风、日灼等恶劣环境抵抗能力强，对修剪反应不敏感。

生境

树干

叶片

青果

果实

楼房桃 2 号

Amygdalus persica L. 'Loufangtao 2'

调查编号： CAOSYLYQ020

所属树种： 桃 *Amygdalus persica* L.

提 供 人： 李永清
电　　话： 13513222022
住　　址： 河北省保定市阜平县林业局

调 查 人： 李好先
电　　话： 13903834781
单　　位： 中国农业科学院郑州果树研究所

调查地点： 河北省保定市阜平县阜平镇楼房村

地理数据： GPS数据（海拔：605m，经度：E114°03′41.1″，纬度：N38°48′48.0″）

样本类型： 种子、叶片、枝条

生境信息

来源于当地，生于庭院，地势平坦，该土地为耕地，土壤质地为砂壤土。种植年限50年，现存1株。

植物学信息

1. 植株情况

乔木，树势弱，树姿开张，乱头形；树高7m，冠幅东西7m、南北5m，干高1m，干周120cm；主干灰色，树皮丝状裂，枝条疏。

2. 植物学特征

1年生枝红色，无光泽，枝条中长中粗，节间平均长1cm，平均粗0.2cm；皮目凸、中大而多，近圆形；单芽占45%，复芽占37%（以果枝中部计），结果枝上花芽中多，叶芽多，花芽肥大；芽顶端圆锥形，茸毛中多；叶片长8cm，宽2cm，中厚，叶色浓绿；近叶基部无褶缩，叶缘锐状锯齿，齿尖无腺体；叶柄短而中粗，长0.5cm；普通花形，花冠直径3.5cm，淡红色（开花当日），花瓣圆形，褶皱少。

3. 果实性状

果实扁圆形，纵径3.100cm，横径2.678cm，侧径2.843cm；平均果重10.6g，最大果重13g；果面朱红色，底色绿色；部分有斑红；缝合线不显著，两侧对称；果顶尖圆，顶洼无，梗洼狭、浅，不皱；果皮薄，茸毛多，剥皮困难；果肉厚0.511cm，浅绿色，近核处同肉色，果肉各部成熟度一致，果肉质地致密、脆、纤维细而少；汁液少，风味酸，香味淡，品质下，核大，离核，核不裂；果实可溶性固形物含量13.64%，可溶性糖含量7.05%，酸含量0.66%，每百克果肉中含有维生素C10.28mg。

4. 生物学习性

中心主干生长势中强，骨干枝分枝角度20°，1年生侧枝长8cm；徒长枝少，枝条萌芽力弱，发枝力弱，1年生新梢平均长8cm，副梢生长量35cm，生长势中等；3年开始结果，5年进入盛果期；长果枝占80%，中果枝占10%，短果枝占10%，腋花芽结果占75%，果台副梢抽生及连续结果能力强；全树坐果，坐果力弱；生理落果多，采前落果多；产量低，大小年显著；单株平均产量（盛果期）40kg；萌芽期3月下旬，开花期4月上旬，果实采收期8月中旬，落叶期10月下旬。

品种评价

耐贫瘠，果实可食用；对寒、旱、涝、瘠、盐、风、日灼等恶劣环境抵抗能力强，对修剪反应不敏感；用种子进行实生繁殖；对土壤、地势、栽培条件无严格要求。

生境

树干

叶片

青果

果实

嘎玛藏光核桃

Amygdalus mira (Koehne) Kov. et Kost.
'Gamazangguanghetao'

调查编号：CAOSYMHP011

所属树种：光核桃 *Amygdalus mira*（Koehne）Kov. et Kost.

提 供 人：顿珠
电　　话：13518948862
住　　址：西藏自治区昌都市八宿县帮达镇嘎玛村

调 查 人：袁平丽
电　　话：13674951625
单　　位：中国农业科学院郑州果树研究所

调查地点：西藏自治区昌都市八宿县帮达镇嘎玛村

地理数据：GPS数据（海拔：3400m，经度：E97°18'5.2"，纬度：N30°06'18.6"）

样本类型：果实、枝条、种子

生境信息

来源于当地，生于旷野，河谷阳坡地，坡度为15°，该土地为原始林，土壤质地为砂壤土。种植年限50多年，现存若干株。

植物学信息

1. 植株情况

乔木，树势强，树姿直立，圆头形；树高8m，冠幅东西8m、南北10m，干高1.40m，干周280cm；主干褐色，树皮块状裂，枝条密集。

2. 植物学特征

1年生枝红褐色，无光泽，枝条中长中粗，节间平均长3.0cm，平均粗1.0cm；皮目平，中大中多，椭圆形，枝条上单芽占40%，复芽占60%（以果枝中部计），结果枝上花芽中多，叶芽中多，花芽中大；芽顶端钝尖形，茸毛中多；叶片长15cm，宽3.8cm，薄，叶色绿，近叶基部无褶缩，叶缘锐状锯齿，齿尖无腺体；叶柄长2cm，本色；普通花形，花冠直径3.2cm，中红色（开花当日），花瓣多褶皱，圆形；雄蕊花丝细，长9mm，茸毛中多；蜜盘黄绿色（谢花后5日）。

3. 果实性状

果实扁圆形，纵径3.43cm，横径3.74cm，侧径3.71cm；平均果重203g，最大果重716g；果面玫瑰红色，部分有点红，底色绿色；缝合线较深，两侧不对称；果顶下凹，顶洼浅，梗洼中广中深，不皱，果皮薄，易剥皮；果肉厚1.4cm，浅绿色，近核处同肉色，果肉各部成熟度一致，质地致密，脆，纤维细、中多，汁液中多，风味酸甜，香味中，品质上等；核中大，离核，核不裂；果实可溶性固形物含量15%，酸含量43.45%。

4. 生物学习性

中心主干生长势强，骨干枝分枝角度30°，1年生侧枝长12cm；徒长枝少，枝条萌芽力弱，发枝力强；1年生新梢平均长22cm，副梢生长量12cm，生长势强；5年开始结果，10年进入盛果期；长果枝占20%，中果枝占28%，短果枝占52%，腋花芽结果占60%，果台副梢抽生及连续结果能力强；全树坐果，坐果力强产量中等，大小年不显著，单株平均产量（盛果期）60kg；萌芽期3月上旬，开花期4月上旬，果实采收期9月上旬，落叶期10月下旬。

品种评价

高产、优质、抗病、抗旱、耐贫瘠，果实可食用；对寒、旱、涝、瘠、盐、风、日灼等恶劣环境抵抗能力强；用种子繁殖。

花

花蕾

林芝桃 1 号

Amygdalus mira (Koehne) Kov. et Kost.
'Linzhitao 1'

调查编号：CAOSYMHP017

所属树种：光核桃 *Amygdalus mira*（Koehne）Kov. et Kost.

提 供 人：郭其强
电　话：13889046504
住　址：西藏自治区林芝市八一镇西藏农牧学院高原生态研究所

调 查 人：马和平
电　话：13989043075
单　位：西藏农牧学院高原生态研究所

调查地点：西藏自治区林芝市米林县羌纳乡朗多村

地理数据：GPS数据（海拔：2940m，经度：E94°25′46.3″，纬度：N29°21′37.8″）

样本类型：叶、花、枝条、种子

生境信息

来源于当地，生于庭院，地形为河谷平地，该土地为人工林，土壤质地为砂壤土，pH7.3。种植年限32年，现存73株。

植物学信息

1. 植株情况

乔木，树势强，树姿半开张，半圆形；树高8.3m，冠幅东西5m、南北7m，干高3.4m，干周78.5cm；主干褐色，树皮块状裂，枝条密集。

2. 植物学特征

1年生枝红褐色，无光泽，枝条中长中粗，节间平均长2.7cm，平均粗0.9cm；皮目平，椭圆形；枝条上单芽占42%，复芽占58%（以果枝中部计），结果枝上花芽中多，叶芽多，叶片长14cm，宽3.7cm，薄，叶色绿，近叶基部无褶缩；叶缘锐状锯齿，齿尖无腺体；普通花形，花冠直径3.3cm，中红色（开花当日）；花瓣中多褶皱，圆形，雄蕊花丝细，长9mm，茸毛中多；蜜盘褐黄色（谢花后5日）。

3. 果实性状

果实扁圆形，纵径3.42cm，横径3.73cm，侧径3.70cm；平均果重20g，最大果重29g；果面玫瑰红色，部分有点红，底色绿色；缝合线较深，两侧不对称；果顶下凹，顶洼浅，梗洼中广中深，不皱；果皮薄，果肉厚1.5cm，浅绿色，近核处同肉色；果肉各部成熟度一致，质地致密，脆，纤维细，中多，汁液中多，风味酸甜，香味中，品质上等；核中大，离核，核不裂；果实可溶性固形物含量13.72%，可溶性糖含量6.69%，酸含量0.57mg/100mL，每百克果肉中含有维生素C10.35mg。

4. 生物学习性

中心主干生长势强，骨干枝分枝角度25°，1年生侧枝长8cm；徒长枝少，枝条萌芽力弱，发枝力强，1年生新梢平均长12cm，副梢生长量10cm；5年开始结果，10年进入盛果期；长果枝占18%，中果枝占30%，短果枝占52%，腋花芽结果占55%，果台副梢抽生及连续结果能力强；全树坐果，坐果力中等；生理落果少，采前落果多，产量中等，大小年显著，单株平均产量（盛果期）100kg；萌芽期3月上旬，开花期4月中旬，果实采收期8月中旬，落叶期10月下旬。

品种评价

高产、优质、抗病、抗旱、耐贫瘠、适应性广，果实可食用；对修剪反应不敏感；实生繁殖。

植株

花

果实

果实

林芝桃 2 号

Amygdalus mira (Koehne) Kov. et Kost.
'Linzhitao 2'

调查编号：CAOSYMHP018

所属树种：光核桃 *Amygdalus mira*
（Koehne）Kov. et Kost.

提 供 人：郭其强
电　　话：13889046504
住　　址：西藏自治区林芝市八一镇
西藏农牧学院高原生态研
究所

调 查 人：马和平
电　　话：13989043075
单　　位：西藏农牧学院高原生态研
究所

调查地点：西藏自治区林芝市米林县
羌纳乡朗多村

地理数据：GPS数据（海拔：2940m，
经度：E94°25′46.5″，纬度：N29°21′37.9″）

样本类型：叶、花、枝条、种子

生境信息

来源于当地，生于庭院，地形为河谷平地，该土地为人工林，土壤质地为砂壤土，pH7.3。种植年限32年，现存73株。

植物学信息

1. 植株情况

乔木，树势强，树姿开张，半圆形；树高8.9m，冠幅东西5.3m、南北5.8m，干高3.5m，干周78cm；主干褐色，树皮块状裂，枝条密集。

2. 植物学特征

1年生枝红褐色，无光泽，枝条中长中粗，节间平均长2.8cm，枝条平均粗1.0cm；皮目平，椭圆形；枝条上单芽占43%，复芽占57%（以果枝中部计），结果枝上花芽中多，叶芽多，叶片长15cm，宽3.8cm，薄，叶色绿，近叶基部无褶缩，叶缘锐状锯齿，齿尖无腺体；普通花形，花冠直径3.2cm，中红色（开花当日），花瓣中多褶皱，圆形，雄蕊花丝细，长8.8mm，茸毛多。蜜盘褐黄色（谢花后5日）。

3. 果实性状

果实扁圆形，纵径3.37cm，横径3.58cm，侧径3.61cm；平均果重17.9g，最大果重25.4g；果面玫瑰红色；缝合线较深，两侧不对称；果顶下凹，顶洼浅，梗洼中广中深，不皱；果皮薄，剥皮困难；果肉厚1.4cm，颜色浅绿色，近核处同肉色，果肉各部成熟度一致，质地致密，脆，纤维细、中多，汁液中多，风味酸甜，香味中，品质上等；粘核，核不裂；果实可溶性固形物含量12.13%，可溶性糖含量8.29%，酸含量0.28mg/100mL，每百克果肉中含有维生素C10.71mg。

4. 生物学习性

中心干生长势强，骨干枝分枝角度23°，1年生侧枝长7.5cm；徒长枝少，枝条萌芽力弱，发枝力强，1年生新梢平均长8.5cm，副梢生长量7.0cm，生长势强；5年开始结果，10年进入盛果期；长果枝占20%，中果枝占25%，短果枝占55%，腋花芽结果占60%，果台副梢抽生及连续结果能力强；外围坐果，坐果力中等；生理落果少，采前落果多；丰产，大小年显著，单株平均产量（盛果期）240kg；萌芽期3月上旬，开花期4月中旬，果实采收期8月下旬，落叶期10月下旬。

品种评价

高产、抗病、抗旱、耐盐碱、耐贫瘠、适应性广，果实可食用；对寒、旱、涝、瘠、盐、风、日灼等恶劣环境抵抗能力强，对修剪反应不敏感；实生繁殖。

生境

结果状

花

果实

林芝桃 3 号

Amygdalus mira (Koehne) Kov. et Kost.
'Linzhitao 3'

调查编号: CAOSYMHP019

所属树种: 光核桃 *Amygdalus mira*（Koehne）Kov. et Kost.

提供人: 顿珠
电　话: 13518948862
住　址: 西藏自治区昌都市八宿县帮达镇嘎玛村

调查人: 马和平
电　话: 13989043075
单　位: 西藏农牧学院高原生态研究所

调查地点: 西藏自治区林芝市米林县羌纳乡娘龙村

地理数据: GPS数据（海拔: 2967m, 经度: E94°31'46.0", 纬度: N29°25'44.5"）

样本类型: 叶片、花、枝条、种子

生境信息

来源于当地，生于庭院，地形为河谷平地，该土地为其他用地，土壤质地为砂壤土，pH7.0。种植年限80多年。

植物学信息

1. 植株情况

乔木，树势强，树姿直立，纺锤形；树高12m，冠幅东西11.8m、南北10.2m，干高2.7m，干周420cm；主干褐色，树皮块状裂，枝条密集。

2. 植物学特征

1年生枝紫红色，有光泽，枝条长而粗，节间平均长2.8cm，平均粗0.46cm；皮目凸、小、中多，近圆形；单芽占43%，复芽占57%（以果枝中部计），结果枝上花芽中多，叶芽多，花芽中大；芽顶端钝尖形；茸毛中多；叶片长15cm，宽4.5cm，薄，叶色浓绿，近叶基部无褶缩；叶缘锯齿圆钝，齿尖无腺体；叶柄长1.8cm，带红色；普通花形，花冠直径3.5cm，淡红色（开花当日）；花瓣少褶皱，椭圆形，雄蕊花丝细，长6.2mm，茸毛多，蜜盘褐黄色（谢花后5日）。

3. 果实性状

果实扁圆形，纵径4.4cm，横径4.06cm，侧径4.54cm；平均果重29.7g，最大果重41g；果面紫红色，部分有斑红，底色浅绿色；缝合线极深，两侧不对称；果顶下凹，顶洼浅，梗洼中广中深，不皱；果皮薄，茸毛多，易剥皮；果肉厚1.0cm，白色，近核处同肉色，果肉各部成熟度一致，质地松软、韧、纤维细而少，汁液多，风味酸甜，香味中，品质中等；核中大，半离核，核不裂；果实可溶性固形物含量12.08%，可溶性糖含量8.27%，酸含量0.33%，每百克果肉中含有维生素C10.47mg。

4. 生物学习性

中心主干生长势强，徒长枝多，枝条萌芽力弱，发枝力强；1年生新梢平均长45cm，副梢生长量10cm，生长势强；5年开始结果，10年进入盛果期；长果枝占20%，中果枝占25%，短果枝占55%，腋花芽结果占60%，果台副梢抽生及连续结果能力强；外围坐果，坐果力弱；生理落果中等，采前落果少，产量中等，大小年显著，单株平均产量（盛果期）100kg；萌芽期3月上旬，开花期4月中旬，果实采收期9月中旬，落叶期10月下旬。

品种评价

抗病、耐贫瘠、适应性广，果实可食用；实生繁殖；该果实是西藏光核桃果型中较大的一类。

植株

花

果实

结果状

日康布

Amygdalus mira (Koehne) Kov. et Kost.
'Rikangbu'

- 调查编号：CAOSYMHP026

- 所属树种：光核桃 *Amygdalus mira*（Koehne）Kov. et Kost.

- 提 供 人：旺次
  电　　话：13618464363
  住　　址：西藏自治区林芝市米林县羌纳乡娘龙村

- 调 查 人：马和平
  电　　话：13989043075
  单　　位：西藏农牧学院高原生态研究所

- 调查地点：西藏自治区林芝市米林县羌纳乡娘龙村

- 地理数据：GPS数据（海拔：2944m，经度：E94°31'44.5"，纬度：N29°25'47.2"）

- 样本类型：种子

生境信息

来源于当地，生于庭院，地形为坡地，北坡15°，该土地为耕地，土壤质地为壤土，pH6.9。种植年限30年。

植物学信息

1. 植株情况

乔木，树势强，树姿下垂，半圆形；树高9.5m，冠幅东西11m、南北13m，干高2.1m，干周135cm；主干黑色，树皮块状裂，枝条密集。

2. 植物学特征

1年生枝紫红色，无光泽，枝条长而中粗，节间平均长2cm，平均粗0.44cm；皮目凸、小而多，近圆形；枝条上单芽占45%，复芽占37%（以果枝中部计），结果枝上花芽中多，叶芽多，花芽肥大；芽顶端圆锥形，茸毛中多；叶片长11cm，宽3.5cm，薄，叶色浓绿，近叶基部无褶缩，叶缘锯齿圆钝，齿尖无腺体；叶柄短而中粗，长2cm，带红色；普通花形，花冠直径3.5cm，淡红色（开花当日）；花瓣圆形，褶皱少，雄蕊花丝细，长8mm，茸毛多；蜜盘褐黄色（谢花后5日）。

3. 果实性状

果实扁圆形，纵径4.01cm，横径5.06cm，侧径5.0cm；平均果重51g，最大果重64g；果面玫瑰红色，部分有斑红，底色浅绿色；缝合线宽浅，两侧不对称；果顶下凹，顶洼中深，梗洼狭而中深，皱；果皮薄，茸毛多，易剥皮；果肉厚1.3cm，乳黄色，近核处同肉色，果肉各部成熟度一致，质地松软，韧，纤维细而少，汁液多，风味甜，香味浓，品质极上；核中大，半离核，核不裂；果实可溶性固形物含量11.75%，可溶性糖含量6.35%，酸含量0.54%，每百克果肉中含有维生素C8.93mg。

4. 生物学习性

中心主干生长势强，骨干枝分枝角度30°，1年生侧枝长73cm；徒长枝多，枝条萌芽力、发枝力强；1年生新梢平均长60cm，副梢生长量45cm，生长势强；长果枝占25%，中果枝占35%，短果枝占40%，腋花芽结果占70%，果台副梢抽生及连续结果能力强；全树坐果，坐果力强；生理落果、采前落果多；丰产，大小年显著，单株平均产量（盛果期）100kg；萌芽期3月上旬，开花期4月中旬，果实采收期9月中旬，落叶期10月下旬。

品种评价

高产、抗病、耐贫瘠、适应性广，果实可食用；实生繁殖。

生境

树干

花

枝叶

果实

贡嘎康布

Amygdalus mira (Koehne) Kov. et Kost.
'Gonggakangbu'

◉ 调查编号：CAOSYMHP041

▤ 所属树种：光核桃 *Amygdalus mira*
　　　　　　（Koehne）Kov. et Kost.

▤ 提 供 人：巴拉
　　电　　话：13989043665
　　住　　址：西藏自治区林芝市米林县
　　　　　　　羌纳乡娘龙村

▤ 调 查 人：马和平
　　电　　话：13989043075
　　单　　位：西藏农牧学院高原生态研
　　　　　　　究所

◉ 调查地点：西藏自治区林芝市米林县羌
　　　　　　　纳乡娘龙村巴拉家自营地

◉ 地理数据：GPS数据（海拔：2965m，
　　　　　　　经度：E94°31'53.2"，纬度：N29°25'34.7"）

▣ 样本类型：枝条

📋 生境信息

来源于当地，生于田间，地形为坡地，北坡5°，该土地为耕地，壤土，pH6.7。种植年限15年，现存1株。

📑 植物学信息

1. 植株情况

乔木，树势强，树姿直立，半圆形；树高7.8m，冠幅东西4.2m、南北4.5m，干高0.6m，干周85cm；主干灰色，树皮块状裂，枝条中密。

2. 植物学特征

1年生枝紫红色，有光泽，枝条长而中粗，节间平均长2.7cm，平均粗2.7cm；皮目平、小而少，椭圆形；单芽占45%，复芽占37%（以果枝中部计），结果枝上花芽较多，叶芽多。花芽肥大，芽顶端圆锥形，茸毛中多；叶片长11.5cm，宽3cm；叶片薄，叶浓绿色，叶缘锯齿圆钝，齿尖无腺体；叶柄短而细，长1.2cm，带红色；普通花形，花冠直径3.5cm，淡红色（开花当日）；花瓣圆形，褶皱少，雄蕊花丝细，长8mm，茸毛多。

3. 果实性状

果实扁圆形，纵径3.77cm，横径4.05cm，侧径3.94cm；平均果重25.4g，最大果重35g；果面朱红色，部分有斑红，底色橙黄色；缝合线宽浅，两侧不对称；果顶平齐，顶洼浅，梗洼浅而中广，不皱；果皮薄，茸毛多，剥皮困难；果肉厚1.6cm；白色，近核处同肉色，果肉各部成熟度一致，质地致密，脆，纤维粗而少，汁液少，风味甜，香味浓，品质上；核中大，半离核，核不裂；果实可溶性固形物含量13.64%，可溶性糖含量7.05%，酸含量0.66%，每百克果肉中含有维生素C10.28mg。

4. 生物学习性

中心主干生长势中强，骨干枝分枝角度45°，1年生侧枝长40cm；徒长枝多，枝条萌芽力强，发枝力弱，1年生新梢平均长55cm，副梢生长量35cm，生长势中等；10年开始结果，20年进入盛果期；长果枝占10%，中果枝占20%，短果枝占70%，腋花芽结占75%，果台副梢抽生及连续结果能力强；外围坐果，坐果力弱，生理落果少，采前落果少，产量低，大小年显著；单株平均产量（盛果期）40kg；萌芽期3月上旬，开花期4月中旬，果实采收期11月上旬，落叶期11月中旬。

📋 品种评价

优质、抗病、耐贫瘠、适应性广，果实可食用；果型大，着色强，成熟期晚，到10月下旬，果实还挂在树上，落果量极少，当地老百姓一般在11月中旬采收。

生境

植株

花

果实

帮仲桃 1 号

Amygdalus mira (Koehne) Kov. et Kost.
'Bangzongtao 1'

调查编号：CAOSYZHC002

所属树种：光核桃 *Amygdalus mira*（Koehne）Kov. et Kost.

提 供 人：次仁朗杰
电　　话：13889041515
住　　址：西藏自治区林芝市科技局

调 查 人：李好先
电　　话：13903834781
单　　位：中国农业科学院郑州果树研究所

调查地点：西藏自治区林芝市米林县米林镇帮仲村

地理数据：GPS数据（海拔：2953m，经度：E94°19′41.3″，纬度：N29°17′41.7″）

样本类型：果实、种子、叶片、枝条

生境信息

来源于当地，生于山地，地势平坦，土壤质地为砂土。种植年限100多年，现存若干株，种植农户为15户。

植物学信息

1. 植株情况

乔木，树势中等，树姿半开张，乱头形；树高18m，冠幅东西28m、南北25m，干高1.5m，干周570cm；主干黑色，树皮丝状裂，枝条密集。

2. 植物学特征

1年生枝紫红色，有光泽，枝条短、中粗，节间平均长3.0cm，平均粗0.25cm；皮目小、多、凸，椭圆形。单芽占60%，复芽占40%（以果枝中部计），结果枝上花芽多，叶芽少。花芽肥大，芽顶端锐尖形，着生角度密接，茸毛多；叶片小，长13.5cm，宽3.6cm，叶色较绿；叶缘锯齿圆钝，齿尖有腺体；叶柄长0.89cm；普通花形，花冠直径4.8cm，粉红色（开花当日）；花瓣多褶皱，卵形。

3. 果实性状

果实椭圆形，大小中等，纵径7.9cm，横径6.3cm，侧径6.4cm；平均果重147g，最大果重162g；果底色乳黄色，面色紫红色，部分有条红或红晕；缝合线较深，两侧不对称；果顶突尖，梗洼广而中等深；果皮中等厚，茸毛较少，剥皮困难；果肉乳黄色，近核处同肉色，果肉各部成熟度一致，质地致密，脆度韧；纤维少且细，汁液多，风味甜酸，香味淡，品质中等；核小，粘核，核不裂。果实可溶性固形物含量15%。

4. 生物学习性

中心主干生长势中等，骨干枝分枝角度45°，徒长枝少，枝条萌芽力中等，发枝力中等，1年生新梢平均长88cm；生长势中等；3年开始结果，5年进入盛果期；长果枝占5%，中果枝占10%，短果枝占80%，腋花芽结果占5%；全树坐果，坐果力中等，生理落果少，产量较低，单株平均产量（盛果期）20kg；萌芽期3月下旬，开花期4月中下旬，果实采收期7月初，落叶期10月下旬。

品种评价

耐贫瘠，果实可食用；主要病虫害有蚜虫、潜叶蛾等；对寒、旱、涝、瘠、盐、风、日灼等恶劣环境抵抗能力弱；用嫁接方法进行繁殖。

植株

枝叶

果实

果实

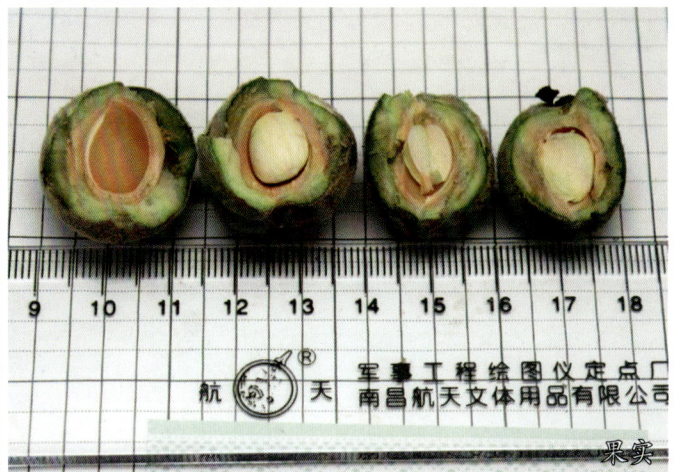

果实

才巴桃 1 号

Amygdalus mira (Koehne) Kov. et Kost.
'Caibatao 1'

- 调查编号：CAOSYZHC005

- 所属树种：光核桃 *Amygdalus mira*（Koehne）Kov. et Kost.

- 提 供 人：次仁朗杰
  电　　话：13889041515
  住　　址：西藏自治区林芝市科技局

- 调 查 人：李好先
  电　　话：13903834781
  单　　位：中国农业科学院郑州果树研究所

- 调查地点：西藏自治区林芝市米林县羌纳乡才巴村

- 地理数据：GPS数据（海拔：2937m，经度：E94°26′31.2″，纬度：N29°22′37.3″）

- 样本类型：果实、种子、枝条

生境信息

来源于当地，生于山地，地形为西北坡向坡地，坡度20°，土壤质地为砂土，pH6.7~7.1。种植年限300多年，现存若干株，面积6.67hm²。种植农户为3户。

植物学信息

1. 植株情况

乔木，树势中等，树姿开张，乱头形；树高12m，冠幅东西15m、南北18m，干高1.8m，干周400cm；主干黑色，树皮丝状裂，枝条稀疏。

2. 植物学特征

1年生枝红色，有光泽，枝条中长、中粗，节间平均长3.5cm，平均粗0.35cm；皮目小、多、凸，近圆形；单芽占60%，复芽占40%（以果枝中部计），结果枝上花芽多，叶芽少，花芽肥大；芽顶端锐尖形，着生角度密接，茸毛多；叶片小，长13.5cm，宽3.6cm，中厚，叶色较绿；叶缘锯齿圆钝，齿尖有腺体；叶柄长0.89cm；普通花形，花冠直径4.8cm，粉红色（开花当日）；花瓣多褶皱，卵形。

3. 果实性状

果实椭圆形，大小中等，纵径5.6cm，横径5.3cm，侧径5.4cm；平均果重120g，最大果重140g；果面紫红色，底色乳黄色，部分有条红或红晕；缝合线较深，两侧不对称；果顶凸尖，梗洼广而中等深；果皮中等厚，茸毛较少，剥皮困难；果肉乳黄色，近核处同肉色，果肉各部成熟度一致，质地致密，脆度韧，纤维少且细，汁液多，风味甜酸，香味淡，品质中等；核小，粘核，核不裂；果实可溶性固形物含量15%。

4. 生物学习性

中心主干生长势中等，骨干枝分枝角度45°，徒长枝少，枝条萌芽力中等，发枝力中等，1年生新梢平均长88cm；生长势中等；3年开始结果，5年进入盛果期；长果枝占5%，中果枝占10%，短果枝占70%，腋花芽结果占5%；全树坐果，坐果力中等，生理落果少，产量较低，单株平均产量（盛果期）20kg；萌芽期3月下旬，开花期4月中下旬，果实采收期7月初，落叶期10月下旬。

品种评价

耐贫瘠，果实可食用；主要病虫害有蚜虫、潜叶蛾等；对寒、旱、涝、瘠、盐、风、日灼等恶劣环境抵抗能力弱；用嫁接方法进行繁殖。

植株

果实

枝叶

才巴桃 2 号

Amygdalus mira (Koehne) Kov. et Kost.
'Caibatao 2'

调查编号：CAOSYZHC006

所属树种：光核桃 *Amygdalus mira*
（Koehne）Kov. et Kost.

提 供 人：次仁朗杰
电　　话：13889041515
住　　址：西藏自治区林芝市科技局

调 查 人：李好先
电　　话：13903834781
单　　位：中国农业科学院郑州果树
　　　　　研究所

调查地点：西藏自治区林芝市米林县
　　　　　羌纳乡才巴村

地理数据：GPS数据（海拔：2937m，
　　　　　经度：E94°26'31.2"，纬度：N29°22'37.3"）

样本类型：果实、种子、叶片、枝条

生境信息

来源于当地，生于原始林，地形为西北坡向坡地，坡度20°，土壤质地为砂土，pH6.7～7.1。种植年限500多年，现存若干株，面积6.67hm²。种植农户为10户。

植物学信息

1. 植株情况

该树为乔木，树势弱，树姿开张，乱头形；树高10m，冠幅东西8m、南北9m，干高1.5m，干周370cm；主干黑色，树皮丝状裂，枝条稀疏。

2. 植物学特征

1年生枝紫红色，有光泽，枝条短、中粗，节间平均长2.2cm，平均粗0.3cm；皮目小、少、凸，近圆形；该树单芽占60%，复芽占40%（以果枝中部计），结果枝上花芽多，叶芽少；花芽肥大，芽顶端锐尖形，着生角度密接，茸毛多；叶片小，长12.3cm，宽3.2cm，中厚，叶色较绿；叶缘锯齿圆钝。齿尖有腺体；叶柄长0.78cm；普通花形；花冠直径4.3cm；粉红色（开花当日）；花瓣多褶皱，卵形。

3. 果实性状

果实大小中等，纵径5.6cm，横径4.8m，侧径5.2cm；平均果重130g，最大果重155g；果实椭圆形，果面紫红色，底色乳黄色，部分有条红或红晕，缝合线较深，两侧不对称；果顶凸尖，梗洼广而中等深；果皮中等厚，茸毛较少，剥皮困难；果肉乳黄色，近核处同肉色，果肉各部成熟度一致，质地致密，脆度韧，纤维少且细，汁液多，风味甜酸，香味淡；品质中等；核小，粘核，核不裂；果实可溶性固形物含量15%。

4. 生物学习性

中心主干生长势中等，骨干枝分枝角度45°，徒长枝少，枝条萌芽力中等，发枝力中等，1年生新梢平均长88cm；生长势中等；3年开始结果，5年进入盛果期；长果枝占5%，中果枝占10%，短果枝占75%，腋花芽结果占5%；全树坐果，坐果力中等，生理落果少，产量较低，单株平均产量（盛果期）20kg；萌芽期3月下旬，开花期4月中下旬，果实采收期7月初，落叶期10月下旬。

品种评价

耐贫瘠，果实可食用；主要病虫害有蚜虫、潜叶蛾等；对寒、旱、涝、瘠、盐、风、日灼等恶劣环境抵抗能力弱；用嫁接方法进行繁殖。

植株

枝叶

树干

果实

果实

果实

次麦桃 1 号

Amygdalus mira (Koehne) Kov. et Kost.
'Cimaitao 1'

调查编号: CAOSYZHC007

所属树种: 光核桃 *Amygdalus mira*
（Koehne）Kov. et Kost.

提 供 人: 次仁朗杰
电　　话: 13889041515
住　　址: 西藏自治区林芝市科技局

调 查 人: 李好先
电　　话: 13903834781
单　　位: 中国农业科学院郑州果树
研究所

调查地点: 西藏自治区林芝市米林县
扎绕乡次麦村

地理数据: GPS数据（海拔：2957m，
经度：E94°15′39.4″，纬度：N29°15′57.9″）

样本类型: 果实、种子、叶片、枝条

生境信息

来源于当地，生于原始林，地势平坦，土壤质地为砂土。种植年限1000多年，现存若干株。

植物学信息

1. 植株情况

乔木，树势弱，树姿半开张，乱头形；树高30m，冠幅东西28m、南北32m，干高1.5m，干周590cm；主干黑色，树皮丝状裂，枝条稀疏。

2. 植物学特征

1年生枝绿色，有光泽，枝条短、中粗，节间平均长3.2cm，平均粗0.2cm；皮目小、多、凸，椭圆形；多年生枝褐色；单芽占60%，复芽占40%（以果枝中部计），结果枝上花芽多，叶芽少，花芽肥大，芽顶端锐尖形，着生角度密接，茸毛多；叶片小，长13cm，宽3.4cm，中厚，叶色较绿；叶缘锯齿圆钝，齿尖有腺体；叶柄长0.78cm；普通花形；花冠直径4.3cm，粉红色（开花当日）；花瓣多褶皱，卵形。

3. 果实性状

果实椭圆形，大小中等，纵径7.2cm，横径5.9cm，侧径6.2cm；平均果重140g，最大果重160g；果面紫红色，底色乳黄色，部分有条红或红晕；缝合线较深，两侧不对称；果顶凸尖，梗洼广而中等深；果皮中等厚，茸毛较少，剥皮困难；果肉乳黄色，近核处同肉色，果肉各部成熟度一致，质地致密，脆度韧，纤维少且细，汁液多，风味甜酸，香味淡，品质中等；核小，粘核，核不裂；果实可溶性固形物含量15%。

4. 生物学习性

中心主干生长势中等，骨干枝分枝角度45°，徒长枝少，枝条萌芽力中等，发枝力中等，1年生新梢平均长88cm；3年开始结果，5年进入盛果期；长果枝占5%，中果枝占12%，短果枝占78%，腋花芽结果占5%；全树坐果，坐果力中等，生理落果少，产量较低，单株平均产量（盛果期）20kg；萌芽期3月下旬，开花期4月中下旬，果实采收期7月初，落叶期10月下旬。

品种评价

耐贫瘠，果实可食用；主要病虫害有蚜虫、潜叶蛾等；对寒、旱、涝、瘠、盐、风、日灼等恶劣环境抵抗能力弱；用嫁接方法进行繁殖。

生境

果实

植株

果实

次麦桃 2 号

Amygdalus mira (Koehne) Kov. et Kost.
'Cimaitao 2'

调查编号：CAOSYZHC008

所属树种：光核桃 *Amygdalus mira*
（Koehne）Kov. et Kost.

提 供 人：次仁朗杰
电　　话：13889041515
住　　址：西藏自治区林芝市科技局

调 查 人：李好先
电　　话：13903834781
单　　位：中国农业科学院郑州果树
研究所

调查地点：西藏自治区林芝市米林县
扎绕乡次麦村

地理数据：GPS数据（海拔：2949m，
经度：E94°15'39.7"，纬度：N29°15'56.4"）

样本类型：果实、种子、枝条

生境信息

来源于当地，生于原始林，地势平坦，土壤质地为砂土。种植年限800多年，现存若干株。

植物学信息

1. 植株情况

乔木，树势弱，树姿开张，乱头形；树高18m，冠幅东西25m、南北27m，干高0.9m，干周750cm；主干黑色，树皮丝状裂，枝条稀疏。

2. 植物学特征

1年生枝红色，有光泽，枝条短、中粗，节间平均长2.7cm，平均粗0.3cm；嫩梢上茸毛多，红色；皮目小、多、凸，近圆形；多年生枝红褐色；该树单芽占60%，复芽占40%（以果枝中部计），结果枝上花芽多，叶芽少，花芽肥大，芽顶端锐尖形，着生角度密接，茸毛多；叶片小，长16cm，宽3.7cm，中厚，叶色较绿；叶缘锯齿圆钝，齿尖有腺体；叶柄长0.8cm；普通花形，花冠直径4.6cm，粉红色（开花当日）；花瓣多褶皱，卵形。

3. 果实性状

果实椭圆形，大小中等，纵径7.8cm，横径6.0cm，侧径6.3cm；平均果重140g，最大果重158g；果面紫红色，底色乳黄色，部分有条红或红晕；缝合线较深，两侧不对称；果顶凸尖，梗洼广而中等深；果皮中等厚，茸毛较少，剥皮困难，果肉乳黄色，近核处同肉色，果肉各部成熟度一致，质地致密，脆度韧；纤维少且细，汁液多，风味甜酸，香味淡，品质中等；核小，粘核，核不裂；果实可溶性固形物含量15%。

4. 生物学习性

中心主干生长势中等，骨干枝分枝角度45°，徒长枝少，枝条萌芽力中等，发枝力中等，1年生新梢平均长88cm；生长势中等；3年开始结果，5年进入盛果期；长果枝占5%、中果枝占10%、短果枝占80%，腋花芽结果占5%；全树坐果，坐果力中等，生理落果少，产量较低，单株平均产量（盛果期）20kg；萌芽期3月下旬，开花期4月中下旬，果实采收期7月初，落叶期10月下旬。

品种评价

耐贫瘠，果实可食用；主要病虫害有蚜虫、潜叶蛾等；对寒、旱、涝、瘠、盐、风、日灼等恶劣环境抵抗能力弱；用嫁接方法进行繁殖。

生境

枯株

树根

枝叶

果实

措那桃

Amygdalus mira (Koehne) Kov. et Kost.
'Cuonatao'

调查编号：CAOSYZHC014

所属树种：光核桃 *Amygdalus mira*
（Koehne）Kov. et Kost.

提 供 人：次仁朗杰
电　　话：13889041515
住　　址：西藏自治区林芝市科技局

调 查 人：李好先
电　　话：13903834781
单　　位：中国农业科学院郑州果树
研究所

调查地点：西藏自治区林芝市米林县
丹娘乡措那村

地理数据：GPS数据（海拔：2918m，
经度：E94°48'58.9"，纬度：N29°27'25.2"）

样本类型：果实、种子、叶片、枝条

生境信息

来源于当地，生于原始林，坡向为南向坡地，坡度为30°，土壤质地为砂土。种植年限300多年，现存1株。

植物学信息

1. 植株情况

乔木，树势弱，树姿开张，乱头形；树高16m，冠幅东西18m、南北20m，干高0.7m，干周720cm；主干黑色，树皮丝状裂，枝条密集。

2. 植物学特征

1年生枝红色，有光泽，枝条中长、中粗，节间平均长1.8cm，平均粗0.15cm；皮目小、少、凸，近圆形；多年生枝红褐色；单芽占60%，复芽占40%（以果枝中部计），结果枝上花芽多，叶芽少。花芽肥大；芽顶端锐尖形；着生角度密接，茸毛多，叶片大，长10.5cm，宽2.8cm，中厚，叶色浓绿；近叶基部无褶缩，叶缘锯齿圆钝；叶柄长1.2cm，本色；普通花形，花冠直径4.8cm，粉红色（开花当日）；花瓣多褶皱，卵形。

3. 果实性状

果实椭圆形，大小中等，纵径6.8cm，横径5.7cm，侧径5.5cm；平均果重130g，最大果重150g；果面紫红色，底色乳黄色，部分有条红或红晕；缝合线较深，两侧不对称；果顶凸尖，梗洼广而中等深；果皮中等厚，茸毛较少，剥皮困难；果肉乳黄色，近核处同肉色，果肉各部成熟度一致，质地致密，脆度韧，纤维少且细，汁液多，风味甜酸，香味淡，品质中等；核小，粘核，核不裂；果实可溶性固形物含量15%。

4. 生物学习性

中心主干生长势中等，骨干枝分枝角度45°，徒长枝少，枝条萌芽力中等，发枝力中等，1年生新梢平均长88cm；生长势中等；3年开始结果，5年进入盛果期；长果枝占5%，中果枝占14%，短果枝占75%，腋花芽结果占5%；全树坐果，坐果力中等，生理落果少，产量较低，单株平均产量（盛果期）20kg；萌芽期3月下旬，开花期4月中下旬，果实采收期7月初，落叶期10月下旬。

品种评价

耐贫瘠，果实可食用；主要病虫害有蚜虫、潜叶蛾等；对寒、旱、涝、瘠、盐、风、日灼等恶劣环境抵抗能力弱；用嫁接方法进行繁殖。

植株

枝叶

树干

果实

朗色桃1号

Amygdalus mira (Koehne) Kov. et Kost.
'Langsetao 1'

调查编号：CAOSYZHC020

所属树种：光核桃 *Amygdalus mira*
（Koehne）Kov. et Kost.

提 供 人：张建兰
电　　话：13908942282
住　　址：西藏自治区林芝市工布江
达县巴河镇朗色村

调 查 人：李好先
电　　话：13903834781
单　　位：中国农业科学院郑州果树
研究所

调查地点：西藏自治区林芝市工布江
达县巴河镇朗色村

地理数据：GPS数据（海拔：3198m，
经度：E93°39'52.2"，纬度：N29°51'43.0"）

样本类型：果实、种子、叶片、枝条

生境信息

来源于当地，生于非耕地，地势平坦，土壤质地为砂土。种植年限100多年，现存1株。

植物学信息

1. 植株情况

乔木，树势强，树姿开张，圆头形；树高18m，冠幅东西23m、南北20m，干高1.5m，干周240cm；主干黑色，树皮块状裂，枝条密集。

2. 植物学特征

1年生枝紫红色，有光泽，枝条长、中粗，节间平均长5cm，平均粗0.3cm；皮目小、多、凸，近圆形；单芽占60%，复芽占40%（以果枝中部计），结果枝上花芽多，叶芽少，花芽肥大，芽顶端锐尖形，着生角度密接，茸毛多；叶片大，长18cm，宽4.5cm，叶片中厚，叶色浓绿；近叶基部无褶缩，叶缘锯齿圆钝；叶柄长1cm，本色；普通花形，花冠直径4.4cm，粉红色（开花当日）；花瓣多褶皱，卵形。

3. 果实性状

果实椭圆形，大小中等，纵径7.3cm，横径6.2cm，侧径6.1cm；平均果重138g，最大果重158g；果面紫红色，底色乳黄色，部分有条红或红晕；缝合线较深，两侧不对称；果顶凸尖，梗洼广而中等深；果皮中等厚，茸毛较少，剥皮困难；果肉乳黄色，近核处同肉色，果肉各部成熟度一致，质地致密，脆度韧，纤维少且细，汁液多，风味甜酸，香味淡，品质中等；核小，粘核，核不裂。果实可溶性固形物含量15%。

4. 生物学习性

中心主干生长势中等，骨干枝分枝角度45°，徒长枝少，枝条萌芽力中等，发枝力中等，1年生新梢平均长88cm；生长势中等；3年开始结果，5年进入盛果期；长果枝占5%，中果枝占10%，短果枝占80%，腋花芽结果占5%；全树坐果，坐果力中等，生理落果少，产量较低，单株平均产量（盛果期）20kg；萌芽期3月下旬，开花期4月中下旬，果实采收期7月初，落叶期10月下旬。

品种评价

耐贫瘠，果实可食用；主要病虫害有蚜虫、潜叶蛾等；对寒、旱、涝、瘠、盐、风、日灼等恶劣环境抵抗能力弱；用嫁接方法进行繁殖。

生境

树干

枝叶

植株

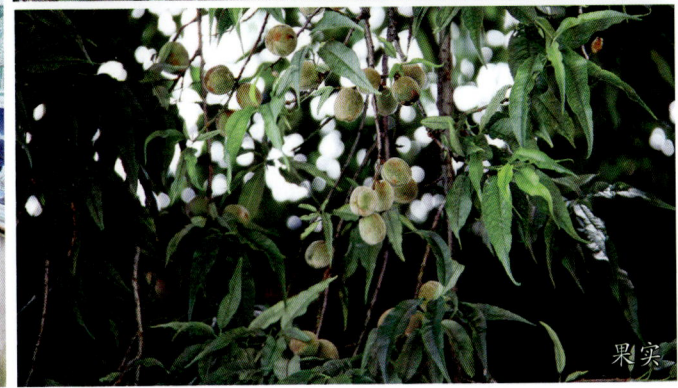
果实

朗色桃 2 号

Amygdalus mira (Koehne) Kov. et Kost.
'Langsetao 2'

调查编号：CAOSYZHC024

所属树种：光核桃 *Amygdalus mira*
（Koehne）Kov. et Kost.

提供人：张建兰
电　话：13908942282
住　址：西藏自治区林芝市工布江
达县巴河镇朗色村

调查人：李好先
电　话：13903834781
单　位：中国农业科学院郑州果树
研究所

调查地点：西藏自治区林芝市工布江
达县巴河镇朗色村

地理数据：GPS数据（海拔：3219m，
经度：E93°39'45.2"，纬度：N29°51'41.6"）

样本类型：果实、种子、叶片、枝条

生境信息

来源于当地，生于原始林，河谷地，地势平坦，土壤质地为砂土。种植年限100多年，现存若干株。

植物学信息

1. 植株情况

乔木，树势中强，树姿开张，乱头形；树高10m，冠幅东西7.5m、南北9.5m，干高1.5m，干周410cm；主干黑色，树皮丝状裂，枝条稀疏。

2. 植物学特征

1年生枝绿色，有光泽，枝条中长、中粗，节间平均长2.5cm，平均粗0.18cm；皮目小、少、凸，近圆形；单芽占60%，复芽占40%（以果枝中部计），结果枝上花芽多，叶芽少，花芽肥大，芽顶端锐尖形，着生角度密接，茸毛多；叶片中大，长8cm，宽2.4cm，浓绿色，近叶基部少褶缩，叶缘锯齿圆钝；叶柄长1.4cm，本色；普通花形，花冠直径4.8cm，粉红色（开花当日）；花瓣多褶皱，卵形。

3. 果实性状

果实椭圆形，大小中等，纵径6.8cm，横径5.7cm，侧径5.5cm；平均果重128g，最大果重155g；果面紫红色，底色乳黄色，部分有条红或红晕；缝合线较深，两侧不对称；果顶凸尖，梗洼广而中等深；果皮中等厚，茸毛较少，剥皮困难；果肉乳黄色，近核处同肉色，果肉各部成熟度一致；果肉质地致密，脆度韧，纤维少且细，汁液多，风味甜酸，香味淡，品质中等；核小，粘核，核不裂；果实可溶性固形物含量15%。

4. 生物学习性

中心主干生长势中等，骨干枝分枝角度45°，徒长枝少，枝条萌芽力中等，发枝力中等，1年生新梢平均长88cm；生长势中等；3年开始结果，5年进入盛果期；长果枝占5%，中果枝占12%，短果枝占75%，腋花芽结果占5%；全树坐果，坐果力中等，生理落果少，产量较低，单株平均产量（盛果期）20kg；萌芽期3月下旬，开花期4月中下旬，果实采收期7月初，落叶期10月下旬。

品种评价

耐贫瘠，果实可食用；主要病虫害有蚜虫、潜叶蛾等；对寒、旱、涝、瘠、盐、风、日灼等恶劣环境抵抗能力弱；用嫁接方法进行繁殖。

生境

植株

树干

枝叶

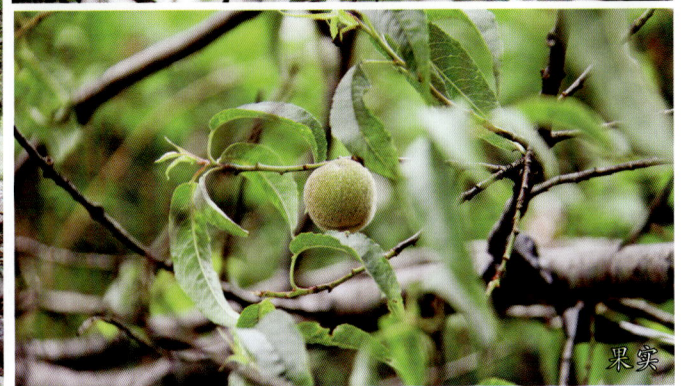
果实

朗色桃3号

Amygdalus mira (Koehne) Kov. et Kost.
'Langsetao 3'

调查编号：CAOSYZHC025

所属树种：光核桃 *Amygdalus mira*（Koehne）Kov. et Kost.

提供人：张建兰
电　话：13908942282
住　址：西藏自治区林芝市工布江达县巴河镇朗色村

调查人：李好先
电　话：13903834781
单　位：中国农业科学院郑州果树研究所

调查地点：西藏自治区林芝市工布江达县巴河镇朗色村

地理数据：GPS数据（海拔：3208m，经度：E93°39'45.2"，纬度：N29°51'41.5"）

样本类型：果实、种子、叶片、枝条

生境信息

来源于当地，生于原始林，河谷地，地势平坦，土壤质地为砂土，pH6.5～7.1。种植年限100多年，现存若干株。

植物学信息

1. 植株情况

乔木，树势弱，树姿开张，乱头形；树高9.8m，冠幅东西8m、南北10m，干高0.6m，干周500cm；主干黑色，树皮丝状裂，枝条稀疏。

2. 植物学特征

1年生枝紫红色，有光泽，枝条中长、中粗，节间平均长1.5cm，平均粗0.2cm，皮目小、少、凸，近圆形；单芽占60%，复芽占40%（以果枝中部计），结果枝上花芽多，叶芽少，花芽肥大，芽顶端锐尖形，着生角度密接，茸毛多；叶片中大，长11.8cm，宽2.8cm；叶色浓绿，近叶基部少褶缩，叶缘锯齿圆钝，齿尖有腺体；叶柄长1.5cm，本色；普通花形，花冠直径4.3cm，粉红色（开花当日），花瓣多褶皱，卵形。

3. 果实性状

果实椭圆形，大小中等，纵径6.6cm，横径5.6cm，侧径5.3cm；平均果重138g，最大果重156g；果面紫红色，底色乳黄色，部分有条红或红晕，缝合线较深，两侧不对称；果顶凸尖，梗洼广而中等深；果皮中等厚，茸毛较少，剥皮困难；果肉乳黄色，近核处同肉色，果肉各部成熟度一致，质地致密，脆度韧，纤维少且细，汁液多，风味甜酸，香味淡；品质中等；核小，粘核，核不裂；果实可溶性固形物含量15%。

4. 生物学习性

中心主干生长势中等，骨干枝分枝角度45°，徒长枝少，枝条萌芽力中等，发枝力中等，1年生新梢平均长88cm；生长势中等；3年开始结果，5年进入盛果期；长果枝占6%，中果枝占12%，短果枝占78%，腋花芽结果占5%；全树坐果，坐果力中等，生理落果少，产量较低，单株平均产量（盛果期）40kg；萌芽期3月下旬，开花期4月中下旬，果实采收期7月初，落叶期10月下旬。

品种评价

耐贫瘠，果实可食用；主要病虫害有蚜虫、潜叶蛾等；对寒、旱、涝、瘠、盐、风、日灼等恶劣环境抵抗能力弱；用嫁接方法进行繁殖。

生境

植株

枝叶

果实

金房屯桃 1 号

Amygdalus persica L. 'Jinfangtuntao 1'

调查编号：CAOSYLTZ010

所属树种：桃 *Amygdalus persica* L.

提 供 人：于管信
电　　话：15214221576
住　　址：辽宁省庄河市城山镇古城
　　　　　村金房屯42号

调 查 人：曹尚银、牛娟
电　　话：13937192127
单　　位：中国农业科学院郑州果树
　　　　　研究所

调查地点：辽宁省庄河市城山镇金房村

地理数据：GPS数据（海拔：143m,
　　　　　经度：E122°39'18.6",纬度：N39°46'10.8"）

样本类型：枝条

生境信息

来源于当地，生于田间，地势为东南向坡地，坡度60°，该土地为耕地，土壤质地为砂壤土。种植年限10年，现存1株，种植农户为1户。

植物学信息

1. 植株情况

乔木，树势中等，树姿直立，半圆形；树高5m，冠幅东西4m、南北2.5m，干高1.7m，干周60cm；主干灰色，树皮丝状裂，枝条中密。

2. 植物学特征

1年生枝红褐色，有光泽，枝条中长中粗，平均节间长0.4cm，平均粗0.2cm；皮目大小中等，外凸，近圆形；单芽占60%，复芽占40%（以果枝中部计），结果枝上花芽多，叶芽少，花芽肥大；芽顶端锐尖形，着生角度密接，茸毛多；叶片长13.5cm，宽3.6cm，中厚，叶色较绿；叶缘锯齿圆钝，齿尖有腺体；叶柄长0.89cm；普通花形，花冠直径4.8cm，粉红色（开花当日）；花瓣多褶皱，卵形。

3. 果实性状

果实椭圆形，大小中等，纵径7.9cm，横径6.3cm，侧径6.4cm；平均果重147g，最大果重162g；果面紫红色，底色乳黄色，部分有条红或红晕；缝合线较深，两侧不对称；果顶凸尖，梗洼广而中等深；果皮中等厚，茸毛较少，剥皮困难；果肉乳黄色，近核处同肉色，果肉各部成熟度一致，质地致密，脆度韧，纤维少且细，汁液多，风味甜酸，香味淡，品质中等；核小，粘核，核不裂；果实可溶性固形物含量15%。

4. 生物学习性

中心主干生长势中等，骨干枝分枝角度45°，徒长枝少，枝条萌芽力中等，发枝力中等，1年生新梢平均长88cm；生长势中等；3年开始结果，5年进入盛果期；长果枝占5%，中果枝占10%，短果枝占80%，腋花芽结果占5%；全树坐果，坐果力中等，生理落果少，产量较低，单株平均产量（盛果期）20kg；萌芽期3月下旬，开花期4月中下旬，果实采收期7月初，落叶期10月下旬。

品种评价

耐贫瘠，果实可食用；主要病虫害有蚜虫、潜叶蛾等；对寒、旱、涝、瘠、盐、风、日灼等恶劣环境抵抗能力弱；用嫁接方法进行繁殖。

生境

植株

枝干

金房屯桃 2 号

Amygdalus persica L. 'Jinfangtuntao 2'

调查编号：CAOSYLTZ015

所属树种：桃 *Amygdalus persica* L.

提供人：于管信
电　话：15214221576
住　址：辽宁省庄河市城山镇古城
　　　　村金房屯42号

调查人：曹尚银、牛娟
电　话：13937192127
单　位：中国农业科学院郑州果树
　　　　研究所

调查地点：辽宁省庄河市城山镇金房村

地理数据：GPS数据（海拔：143m，
经度：E122°39'4.2"，纬度：N39°46'2.5"）

样本类型：枝条

生境信息

来源于当地，生于庭院，地势为西北向坡地，坡度25°，该土地为耕地，土壤质地为壤土。种植年限30年，现存1株，种植农户为1户。

植物学信息

1. 植株情况

乔木，树势中等，树姿半开张，圆头形；树高3.5m，冠幅东西2.5m、南北5m，干高0.80m，干周236cm；主干褐色，树皮块状裂，枝条中密。

2. 植物学特征

1年生枝紫红色，有光泽，枝条中长中粗，平均节间长0.2cm，平均粗0.2cm；皮目中大中多外凸，近圆形。该树单芽占60%，复芽占40%（以果枝中部计），结果枝上花芽多，叶芽少，花芽肥大，芽顶端锐尖形，着生角度密接，茸毛多；叶片小，长13.5cm，宽3.6cm，中厚；较绿；叶缘锯齿圆钝。齿尖有腺体；叶柄中长，长0.89cm；普通花形，花冠直径4.8cm，粉红色（开花当日）；花瓣多褶皱，卵形。

3. 果实性状

果实椭圆形，大小中等，纵径7.9cm，横径6.3cm，侧径6.4cm；平均果重147g，最大果重162g；果面紫红色，底色乳黄，部分有条红或红晕；缝合线较深，两侧不对称；果顶凸尖，梗洼广而中等深；果皮中等厚，茸毛较少，剥皮困难；果肉乳黄色，近核处同肉色，果肉各部成熟度一致，质地致密，脆度韧，纤维少且细，汁液多，风味甜酸，香味淡，品质中等；核小，粘核，核不裂；果实可溶性固形物含量15%。

4. 生物学习性

中心主干生长势中等，骨干枝分枝角度45°，徒长枝少，枝条萌芽力中等，发枝力中等，1年生新梢平均长度88cm；生长势中等；3年开始结果，5年进入盛果期；长果枝占5%，中果枝占10%，短果枝占80%，腋花芽结果占5%；全树坐果，坐果力中等，生理落果少，产量较低，单株平均产量（盛果期）20kg；萌芽期3月下旬，开花期4月中下旬，果实采收期7月初，落叶期10月下旬。

品种评价

耐贫瘠，果实可食用；主要病虫害有蚜虫、潜叶蛾等；对寒、旱、涝、瘠、盐、风、日灼等恶劣环境抵抗能力弱；用嫁接方法进行繁殖。

生境

植株

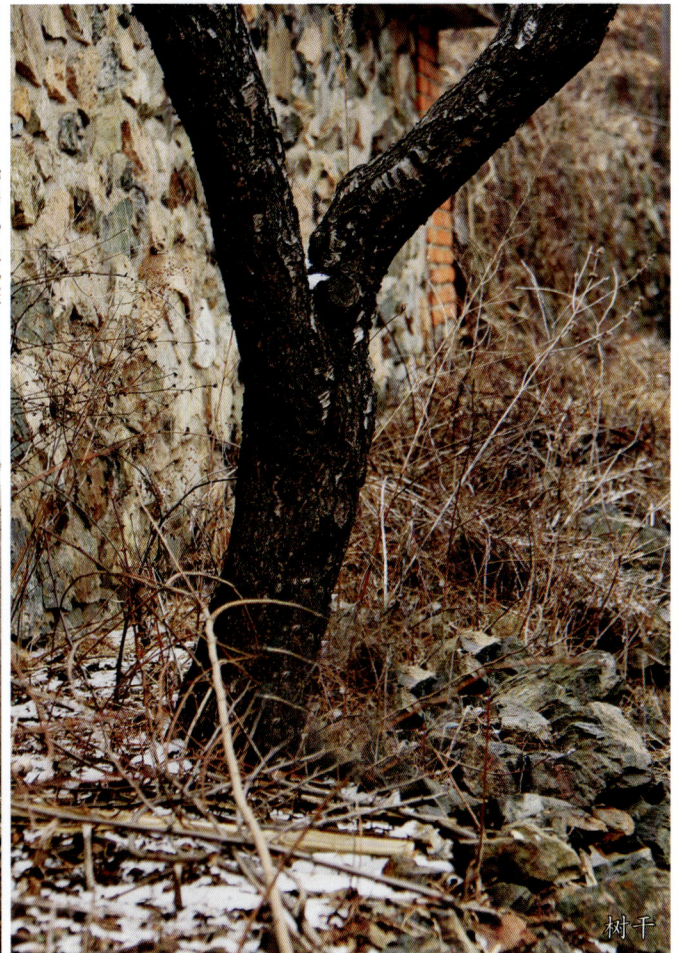
树干

郝堂本地桃

Amygdalus persica L. 'Haotangbenditao'

调查编号：FANHWCYC013

所属树种：桃 *Amygdalus persica* L.

提 供 人：曹宜成
电　　话：13837636655
住　　址：河南省信阳市平桥区林业
　　　　　科学研究所

调 查 人：范宏伟
电　　话：13837639363
单　　位：河南省信阳农林学院

调查地点：河南省信阳市平桥区五里
　　　　　店办事处郝堂村

地理数据：GPS数据（海拔：126m，
　　　　　经度：E114°12′03.5″，纬度：N32°02′34.0″）

样本类型：种子、叶、枝条

生境信息

来源于当地，生于旷野，地势平坦，土壤质地为黏壤土。种植年限25年，现存6株，种植农户1户。

植物学信息

1. 植株情况

乔木，树势弱，树姿半开张，乱头形；树高3.5m，冠幅东西5m、南北5m，干高1.7m，干周55cm；主干灰色，树皮丝状裂，枝条疏。

2. 植物学特征

1年生枝紫红色，无光泽；枝条短、中粗，节间平均长0.5cm，平均粗0.2cm；叶片大，长14cm，宽2cm，中厚，绿黄色，近叶基部无褶缩；齿尖有腺体；叶柄长1cm，本色。

3. 果实性状

果实扁圆形，大，纵径5.917cm，横径5.348cm，侧径5.424cm；平均果重81g，最大果重88g；果面玫瑰红色，底色绿色，部分有斑；缝合线不显著，两侧对称；果顶尖圆，顶洼浅，梗洼狭窄且浅，不皱；果肉厚1.504cm，红色，近核处同肉色，果肉各部成熟度一致，质地松软，脆度韧，纤维多而粗，汁液中多，风味甜，香味中，品质中；核中大，离核，核不裂。

4. 生物学习性

3年开始结果，5年进入盛果期；长果枝占35%、中果枝占20%、短果枝占10%，腋花芽结果占20%，果台副梢抽生及连续结果能力强；全树坐果，坐果力强，生理落果少，采前落果多，产量丰产，大小年不显著；单株平均产量（盛果期）25kg；萌芽期2月下旬，开花期3月中旬，果实采收期6月上旬，落叶期11月中旬。

品种评价

高产、优质、耐贫瘠，果实可食用；对寒、旱、涝、瘠、盐、风、日灼等恶劣环境抵抗能力强，对修剪反应不敏感；用种子进行实生繁殖；对土壤、地势、栽培条件无严格要求。

生境

枝叶

枝干

结果株

果实

响潭吊枝白桃

Amygdalus persica L. var. *alba* Schneid.
'Xiangtandiaozhibaitao'

调查编号：CAOSYLBY009

所属树种：白桃 *Amygdalus persica* L. var. *alba* Schneid.

提 供 人：李本银
电　　话：13703455340
住　　址：河南省南阳市桐柏县农业经济作物管理站

调 查 人：李好先
电　　话：13903834781
单　　位：中国农业科学院郑州果树研究所

调查地点：河南省南阳市桐柏县朱庄镇响潭村刘庄

地理数据：GPS数据（海拔：205m，经度：E113°30'56"，纬度：N32°31'29.0"）

样本类型：种子、叶、枝条

生境信息

来源于当地，生于山地，坡度60°，向西，土壤质地为砂壤土。种植年限15年，现存30株，种植农户1户。

植物学信息

1. 植株情况

乔木，树势中等，树姿开张，圆头形；树高3m，冠幅东西4m、南北7m，干高0.6m，干周0.35cm；主干褐色，树皮丝状裂，枝条密。

2. 植物学特征

1年生枝紫红色，有光泽，枝条中长、细，节间平均长4cm，平均粗0.5cm；皮目小、中、凸，椭圆形；叶片小，长7cm，宽2cm，中厚，浓绿色，近叶基部褶缩少；叶缘锯齿圆钝，齿尖有腺体；叶柄长0.5cm，本色。

3. 果实性状

果实大，纵径6.710cm，横径5.393cm，侧径5.484cm；平均果重89g，最大果重97g；果面玫瑰红色，底色浅绿色，部分有斑；缝合线不显著，两侧对称；果顶短圆，顶洼中，梗洼狭窄且深，不皱；果肉厚1.865cm，白色，近核处同肉色，果肉各部成熟度一致，质地松软，脆度韧，纤维少而细，汁液少，风味酸，香味中，品质下；核小，离核，核不裂。

4. 生物学习性

主干弱，生长角度60°，1年生侧枝长度0.6cm，徒长枝数量少，萌芽力弱，1年生新梢生长量1m，副梢生长量0.4m，生长势弱，3年开始结果，4年进入盛果期；全树坐果，坐果部位树冠外围，坐果力强；生理落果少，大小年不显著；萌芽期2月中下旬，开花期3月上旬，果实采收期6月上中旬，落叶期11月上旬。

品种评价

耐贫瘠，果实可食用；对寒、旱、涝、瘠、盐、风、日灼等恶劣环境抵抗能力强，对修剪反应不敏感；嫁接繁殖。

植株

叶片

果实

东下庄毛桃

Amygdalus persica L.
'Dongxiazhuangmaotao'

🔘 调查编号：CAOSYLYQ001

📇 所属树种：桃 *Amygdalus persica* L.

📄 提 供 人：李永清
　　电　　话：13513222022
　　住　　址：河北省保定市阜平县林业局

📇 调 查 人：李好先
　　电　　话：13903834781
　　单　　位：中国农业科学院郑州果树
　　　　　　研究所

📍 调查地点：河北省保定市阜平县北果
　　　　　　园乡下庄村东下庄

🌐 地理数据：GPS数据（海拔：172m，
　　　　　　经度：E114°22'39.5"，纬度：N38°44'21.7"）

🖼 样本类型：种子、叶、枝条

📋 生境信息

来源于当地，生于庭院，地势平坦，伴生物种为核桃，土壤质地为砂壤土，偏碱性。种植年限13年。

📋 植物学信息

1. 植株情况

乔木，树势中等，树姿开张，圆头形；树高2m，冠幅东西2m、南北1m，干高0.25m，干周0.38cm；主干灰色，树皮丝状裂，枝条中等。

2. 植物学特征

1年生枝浅绿色，无光泽；枝条长、粗，节间平均长3cm，平均粗0.5cm；皮目大、多、凸，椭圆形；叶芽多，叶片中等，长10cm，宽4cm，厚，绿色，近叶基部无褶缩；叶缘锯齿锐状；叶柄长1cm，本色。

3. 果实性状

果实尖圆形，小，纵径4.529cm，横径4.094cm，侧径4.272cm；平均果重40g，最大果重43g；果面紫红色，底色浅绿色，部分有斑；缝合线较深，两侧对称；果顶尖圆，顶洼中，梗洼中等且深，不皱；果肉厚0.940cm，红色，近核处同玫瑰红色，果肉各部成熟度不一致，质地松软，脆度韧；纤维多而细，汁液多，风味甜，香味浓，品质极上；核中等，苦仁，离核，核不裂。

4. 生物学习性

中心主干生长弱，骨干枝分枝角度30°，1年生侧枝长1.2m，徒长枝数量少，萌芽力强，发枝力中，新梢平均长1.2m，副梢长1.0m；3年开始结果，5年进入盛果期；中果枝10%，短果枝90%。全树坐果，坐果力中；生理落果少，采前落果少，大小年显著；萌芽期3月下旬，开花期4月上旬；果实采收期7月中旬，落叶期10月下旬。

📋 品种评价

抗病、抗旱、耐贫瘠，果实可食用；对寒、旱、涝、瘠、盐、风、日灼等恶劣环境抵抗能力强，对修剪反应不敏感；实生繁殖。

植株

结果状

叶片

果实

夏家冲桃

Amygdalus persica L. 'Xiajiachongtao'

调查编号：FANHWLM008

所属树种： 桃 *Amygdalus persica* L.

提 供 人： 刘猛
电　　话： 15939739918
住　　址： 河南省信阳市浉河区浉河港镇夏家冲

调 查 人： 范宏伟
电　　话： 13837639363
单　　位： 河南省信阳农林学院

调查地点： 河南省信阳市浉河区浉河港镇夏家冲

地理数据： GPS数据（海拔：122m，经度：E113°54'08.6"，纬度：N32°03'14.5"）

样本类型： 种子、叶、枝条

生境信息

　　来源于当地，生于田间，地势平坦，伴生物种为核桃，土壤质地为黏壤土。种植年限10年。现存约100株，栽培面积约133hm^2，种植农户100户。

植物学信息

1. 植株情况

　　乔木，树势强，树姿半开张；树高3.5m，冠幅东西5m、南北5m，干高1.5m，干周0.6m；主干灰白色，树皮丝状裂。

2. 植物学特征

　　1年生枝紫红色，有光泽，枝条短、细，节间平均长13cm，平均粗0.2cm；皮目小、少；叶片长12cm，宽2cm，浅绿色，近叶基部无褶缩；叶缘锯齿圆钝，有腺体；叶柄长1cm，本色。

3. 果实性状

　　果实扁圆形，大，纵径5.063cm，横径4.492cm，侧径5.004cm；平均果重53.3g，最大果重58g；果面玫瑰红色，底色绿色，部分有红晕；缝合线宽浅，两侧对称；果顶尖圆，顶洼无，梗洼狭且浅，皱；果肉厚1.422cm，红色，近核处同肉色，果肉各部成熟度一致；果肉质地松软，脆度韧；纤维中而粗，汁液少，风味甜，香味淡，品质中；核大，离核，核不裂。

4. 生物学习性

　　坐果力强，生理落果多，采前落果多，产量丰产，大小年不显著，单株平均产量50kg；萌芽期3月中旬，开花期4月上旬，果实采收期6月上旬，落叶期10月下旬。

品种评价

　　高产、抗病，果实可食用；果实果肉软且酸，对寒、旱、涝、瘠、盐、风、日灼等恶劣环境抵抗能力强，对修剪反应不敏感；嫁接繁殖。

植株

叶片

结果状

果实

孔沟六月白桃

Amygdalus persica L. var. *alba* Schneid.
'Konggouliuyuebaitao'

調查編號： CAOSYWZZ005

所属树种： 白桃 *Amygdalus persica* L. var. *alba* Schneid.

提 供 人： 吴中洲
电　　话： 13837736696
住　　址： 河南省南阳市卧龙区红庙路188号

调 查 人： 李好先
电　　话： 13903834781
单　　位： 中国农业科学院郑州果树研究所

调查地点： 河南省南阳市西峡县五里桥镇孔沟村

地理数据： GPS数据（海拔：325m，经度：E111°26'03.7"，纬度：N33°21'15"）

样本类型： 种子、叶、枝条

生境信息

来源于当地，生于庭院，地形山地，北坡60°，该土地为人工林，土壤质地为砂壤土。pH6.5～7.5。种植年限10年。现存1株，种植农户只有1户。

植物学信息

1. 植株情况

乔木，树势中，树姿开张，冠幅东西5m、南北2m，干高0.9m，干周0.77m；主干灰色，树皮块状裂，枝条密。

2. 植物学特征

1年生枝红色，有光泽，枝条中长、细，节间平均长4cm；平均粗0.2cm；皮目中，近圆形；叶片长10cm，宽2cm，薄，浅绿色，近叶基部无褶缩；叶缘锯齿锐状，无腺体；叶柄短且细，长1cm，本色。

3. 果实性状

果实尖圆形，大，纵径7.011cm，横径5.066cm，侧径5.993cm；平均果重104g，最大果重107g；果底色白色；缝合线宽浅，缝合线两侧对称；果顶乳头状，顶洼深，梗洼广且中等深，皱；果肉厚1.410cm，浅绿色，近核处同肉色；果肉质地致密，脆度脆；纤维多且粗，汁液少，风味甜，香味淡，品质中；核大，粘核，核不裂。

4. 生物学习性

中心主干强，分枝角度30°，1年生侧枝长0.8m，徒长枝多，萌芽力中，发枝力中，新梢平均长0.8m，副梢生长量1cm，生长势强。2年开始结果，4年进入盛果期；中果枝30%，短果枝70%；连续结果能力中等，全树坐果，坐果力强，大小年显著，单株产量为50kg；萌芽期2月下旬，开花期3月中旬，果实采收期7月中旬，落叶期11月下旬。

品种评价

高产、耐贫瘠，果实可食用；果实成熟时白色，个头大，顶尖微红，不太甜，大小年严重，皮薄，肉软，汁多，口感美；500g以上不耐贮运；用嫁接方法进行繁殖。

生境

枝干

叶片

結果狀

果實

石槽沟毛桃

Amygdalus persica L. 'Shicaogoumaotao'

调查编号：CAOSYLJZ020

所属树种：桃 *Amygdalus persica* L.

提 供 人：李建志
电　　话：13937782275
住　　址：河南省南阳市林业局

调 查 人：李好先
电　　话：13903834781
单　　位：中国农业科学院郑州果树研究所

调查地点：河南省南阳市淅川县毛堂乡石槽沟村老庄组

地理数据：GPS数据（海拔：415m，经度：E111°21'21.1"，纬度：N33°12'34.4"）

样本类型：种子、叶、枝条

生境信息

来源于当地，生于旷野，地势山地，土壤质地为砂壤土。种植年限20年。现存约1000株。

植物学信息

1. 植株情况

乔木，树势弱，树姿半开张，乱头形；树高6m，冠幅东西5m、南北1m，干高1.5m，干周0.7m；主干褐色，树皮丝状裂，枝条疏。

2. 植物学特征

1年生枝紫红色，有光泽，枝条中长、中粗，节间平均长5cm，平均粗0.5cm；皮目中、多、凸，近圆形；叶片长15cm，宽2cm，中厚，浓绿色，近叶基部无褶缩；叶缘锯齿圆钝，无腺体；叶柄短且细，本色。

3. 果实性状

果实卵圆形，小，纵径3.130cm，横径2.522cm，侧径2.865cm；平均果重10g，最大果重13g；果底色白色；缝合线不显著，两侧对称；果顶尖圆，顶洼中，梗洼狭且浅，不皱；果肉厚0.516cm，浅绿色，近核处同肉色，果肉各部成熟度一致，质地紧密，脆度脆，纤维多，汁液少，风味酸，香味中，品质下；核大，半离核，核不裂。

4. 生物学习性

中心主干弱，分枝角度20°，侧枝长0.8m，徒长枝少，萌芽力弱，发枝力弱，新梢平均长0.2m，副梢生长量0.2m，生长势弱。3年开始结果，6年进入盛果期；长果枝10%、中果枝10%、短果枝80%；全树坐果，果台副梢抽生弱，坐果率低，生理落果多，采前落果多，大小年显著，产量低；萌芽期2月下旬，开花期3月上旬，果实采收期8月上旬，落叶期11月下旬。

品种评价

耐贫瘠，果实和种子可食用；口感苦涩，果实成熟时黄白色；主要病虫害有蚜虫、潜叶蛾等；对寒、旱、涝、瘠、盐、风、日灼等恶劣环境抵抗能力弱；用嫁接方法进行繁殖。

植株

树兜

枝干

枝叶

果实

参考文献

陈杰忠. 2015. 果树栽培学各论: 南方本[M]. 北京: 中国农业出版社.

陈巍. 2007. 基于生物学性状和SSR标记进行桃种质遗传多样性的研究[D]. 南京: 南京农业大学.

樊晓梅. 2013. 利用SSR鉴定观赏桃种质资源亲缘关系的研究[D]. 雅安: 四川农业大学.

郭金英. 2002. 桃（Prunus persica L.）种质资源亲缘关系的RAPD分析[D]. 杨凌: 西北农林科技大学.

郭振怀, 葛会波, 王秀伶, 等. 1996. 桃属植物染色体核型及中间亲缘关系分析[J]. 园艺学报, 23(3): 223-226.

孔庆信. 2007. 从桃生产发展现状谈山东桃产业的发展方向[A]. 中国园艺学会. 中国园艺学会桃分会成立暨学术研讨会论文集[C]. 中国园艺学会.

李绍华. 2013. 桃树学[M]. 北京: 中国农业出版社.

李疆. 2015. 中国果树科学与实践: 阿月浑子、扁桃[M]. 陕西: 陕西科学技术出版社.

刘志虎. 2005. 酒泉地区油桃种质资源调查[D]. 兰州: 甘肃农业大学.

龙兴桂. 2000. 现代中国果树栽培: 落叶果树卷[M]. 北京: 中国林业出版社.

罗桂环. 2001. 关于桃的栽培起源及其发展[J]. 农业考古, (03): 200-203, 207.

马之胜, 贾云云. 2005. 河北省桃生产优势及产业化对策[J]. 河北农业科学, (02): 104-107.

宋丽娟. 2008. 浙江省水蜜桃种质资源遗传多样性分析[D]. 杭州: 浙江大学.

孙晋科. 2008. 扁桃种质资源RAPD和ISSR分析[D]. 乌鲁木齐: 新疆农业大学.

万保雄, 白先进, 陈爱军, 等. 2012. 广西桃产业现状与发展对策[J]. 南方园艺, 23(04): 26-29.

汪祖华, 陆振翔, 陆秀华. 1990. 桃品种的演化及分类研究——同工酶分析[J]. 园艺学报, 17(4): 241-247.

汪祖华, 周建涵. 1990. 桃种质的起源演化关系研究——花粉形态分析[J]. 园艺学报, 17(3): 161-168.

吴祥. 2009. 盐城市桃产业发展现状、瓶颈及措施研究[J]. 中国园艺文摘, 25(08): 20-22.

许淑芳. 2012. 桃新品系'佳红'的选育与鉴定[D]. 保定: 河北农业大学.

徐宝利. 2006. 用SSR标记对甘肃地方油桃（Prunus persica L.）种质资源遗传多样性及亲缘演化关系分析[D]. 甘肃农业大学.

俞德浚编著. 1984. 落叶果树分类学[M]. 上海科学技术出版社.

俞明亮, 马瑞娟, 沈志军, 等. 2010. 应用SSR标记进行部分黄肉桃种质鉴定和亲缘关系分析[J]. 园艺学报, 37(12): 1909-1918.

俞明亮, 马瑞娟, 沈志军, 等. 2010. 中国桃种质资源研究进展[J]. 江苏农业学报, 26(06): 1418-1423.

宗学谱, 俞宏. 1995. 桃属植物花粉扫描电镜观察及进化研究——花粉SDS电泳分析[J]. 园艺学报, 22(3): 288-290.

赵密珍, 郭洪, 俞明亮, 等. 2000. 桃遗传资源研究进展[J]. 果树科学, 17(增刊): 46-49.

钟政昌. 2008. 西藏林芝地区光核桃资源生态学研究[D]. 拉萨: 西藏大学.

赵锦彪, 段伦才, 管恩桦. 2013. 桃生产配套技术手册[M]. 北京: 中国农业出版社.

中国农业百科全书编辑部. 1993. 中国农业百科全书·果树卷[M]. 北京: 中国农业出版社.

附录一
各树种重点调查区域

树种	重点调查区域	
	区域	具体区域
石榴	西北区	新疆叶城，陕西临潼
	华东区	山东枣庄、江苏徐州、安徽怀远、淮北
	华中区	河南开封、郑州、封丘
	西南区	四川会理、攀枝花、云南巧家、蒙自、西藏山南、林芝、昌都
樱桃		河南伏牛山、陕西秦岭、湖南湘西、湖北神农架、江西井冈山等；其次是皖南，桂西北，闽北等地
核桃	东部沿海区	辽东半岛的丹东、庄河、瓦房店、普兰店、辽西地区，河北卢龙、抚宁、昌黎、遵化、涞水、易县、阜平、平山、赞皇、邢台、武安、北京平谷、密云、昌平、天津蓟县、宝坻、武清、宁河、山东长清、泰安、章丘、苍山、费县、青州、临朐、河南济源、林州、登封、濮阳、辉县、柘城、罗山、商城，安徽亳州、涡阳、砀山、萧县，江苏徐州、连云港
	西北区	山西太行、吕梁、左权、昔阳、临汾、黎城、平顺、阳泉，陕西长安、户县、眉县、宝鸡、渭北、甘肃陇南、天水、宁县、镇原、武威、张掖、酒泉、武都、康县、徽县、文县、青海民和、循化、化隆、互助、贵德、宁夏固原、灵武、中卫、青铜峡
	新疆区	和田、叶城、库车、阿克苏、温宿、乌什、莎车、吐鲁番、伊宁、霍城、新源、新和
	华中华南区	湖北郧县、郧西、竹溪、兴山、秭归、恩施、建始，湖南龙山、桑植、张家界、吉首、麻阳、怀化、城步、通道，广西都安、忻城、河池、靖西、那坡、田林、隆林
	西南区	云南漾濞、永平、云龙、大姚、南华、楚雄、昌宁、宝山、施甸、昭通、永善、鲁甸、维西、临沧、凤庆、会泽、丽江，贵州毕节、大方、威宁、赫章、织金、六盘水、安顺、息烽、遵义、桐梓、兴仁、普安，四川巴塘、西昌、九龙、盐源、德昌、会理、米易、盐边、高县、筠连、叙永、古蔺、南坪、茂县、理县、马尔康、金川、丹巴、康定、泸定、峨边、马边、平武、安州、江油、青川、剑阁
	西藏区	林芝、米林、朗县、加查、仁布、吉隆、聂拉木、亚东、错那、墨脱、丁青、贡觉、八宿、左贡、芒康、察隅、波密
板栗	华北	北京怀柔，天津蓟县，河北遵化、承德，辽宁凤城，山东费县，河南平桥、桐柏、林州，江苏徐州
	长江中下游	湖北罗田、京山、大悟、宜昌，安徽舒城、广德，浙江缙云，江苏宜兴、吴中、南京
	西北	甘肃南部，陕西渭河以南，四川北部，湖北西部，河南西部
	东南	浙江、江西东南部，福建建瓯、长汀，广东广州，广西阳朔，湖南中部
	西南	云南寻甸、宜良，贵州兴义、毕节、台江，四川会理，广西西北部，湖南西部
	东北	辽宁，吉林省南部
山楂	北方区	河南林县、辉县、新乡，山东临朐、沂水、安丘、潍坊、泰安、莱芜、青州，河北唐山、沧州、保定，辽宁鞍山、营口等地
	云贵高原区	云南昆明、江川、玉溪、通海、呈贡、昭通、曲靖、大理，广西田阳、田东、平果、百色，贵州毕节、大方、威宁、赫章、安顺、息烽、遵义、桐梓
柿	南方	广东五华、潮汕，福建安溪、永泰、仙游、大田、云霄、莆田、南安、龙海、漳浦、诏安，湖南祁阳
	华东	浙江杭州，江苏邳县，山东菏泽、益都、青岛
	北方	陕西富平、三原、临潼，河南荥阳、焦作、林州，河北赞皇，甘肃陇南，湖北罗田
枣	黄河中下游流域冲积土分布区	河北沧州、赞皇和阜平，河南新郑、内黄、灵宝，山东乐陵和庆云，陕西大荔，山西太谷、临猗和稷山，北京丰台和昌平，辽宁北票、建昌等
	黄土高原丘陵分布区	山西临县、柳林、石楼和永和，陕西佳县和延川
	西北干旱地带河谷丘陵分布区	甘肃敦煌、景泰，宁夏中卫、灵武，新疆喀什

树种	重点调查区域	
	区域	具体区域
李	东北区	黑龙江，吉林，辽宁，内蒙古东部
	华北区	河北，山东，山西，河南，北京，天津
	西北区	陕西，甘肃，青海，宁夏，新疆，内蒙古西部
	华东区	江苏，安徽，浙江，福建，台湾，上海
	华中区	湖北，湖南，江西
	华南区	广东，广西
	西南及西藏区	四川，贵州，云南，西藏
杏	华北温带区	北京，天津，河北，山东，山西，陕西，河南，江苏北部，安徽北部，辽宁南部，甘肃东南部
	西北干旱带区	新疆天山、伊犁河谷，甘肃秦岭西麓、子午岭、兴隆山区，宁夏贺兰山区，内蒙古大青山、乌拉山区
	东北寒带区	大兴安岭、小兴安岭和内蒙古与辽宁、吉林、华北各省交界的地区，黑龙江富锦、绥棱、齐齐哈尔
	热带亚热带区	江苏中部、南部，安徽南部，浙江，江西，湖北，湖南，广西
	西南高原区	西藏芒康、左贡、八宿、波密、加查、林芝，四川泸定、丹巴、汶川、茂县、西昌、米易、广元，贵州贵阳、惠水、盘州、开阳、黔西、毕节、赫章、金沙、桐梓、赤水，云南呈贡、昭通、曲靖、楚雄、建水、永善、祥云、蒙自
猕猴桃	重点资源省份	云南昭通、文山、红河、大理、怒江，广西龙胜、资源、全州、兴安、临桂、灌阳、三江、融水，江西武夷山、井冈山、幕阜山、庐山、石花尖、黄岗山、万龙山、麻姑山、武功山、三百山、军峰山、九岭山、官山、大茅山，湖北宜昌，陕西周至，甘肃武都，吉林延边
梨	辽西京郊地区	辽宁鞍山、海城、绥中、盘山，京郊大兴、怀柔、平谷、大厂
	云贵川地区	云南迪庆、丽江、红河、富源、昭通、思茅、大理、巍山、腾冲，贵州六盘水、河池、金沙、毕节、赫章、威宁、凯里、四川乐山、会理、盐源、昭觉、德昌、木里、阿坝、金川、小金、江油、汉源、攀枝花、达川、简阳
	新疆、西藏地区	库尔勒、喀什、和田、叶城、阿克苏、托克逊、林芝、日喀则、山南
	陕甘宁地区	延安、榆林、庆阳、张掖、酒泉、临夏、甘南、陇西、武威、固原、吴忠、西宁、民和、果洛
	广西地区	凭祥、百色、浦北、灌阳、灵川、博白、苍梧、来宾
桃	西北高旱区	新疆，陕西，甘肃，宁夏等地
	华北平原区	位于淮河，秦岭以北，包括北京、天津、河北大部、辽宁南部、山东、山西、河南大部、江苏和安徽北部
	长江流域区	江苏南部、浙江、上海、安徽南部、江西和湖南北部、湖北大部及成都平原、汉中盆地
	云贵高原区	云南、贵州和四川西南部
	青藏高原区	西藏、青海大部、四川西部
	东北高寒区	黑龙江海伦、绥棱、齐齐哈尔、哈尔滨，吉林通化和延边延吉、和龙、珲春一带
	华南亚热带区	福建、江西、湖南南部、广东、广西北部
苹果	东北区	辽宁铁岭、本溪，吉林公主岭、延边、通化，黑龙江东南部，内蒙古库伦、通辽、奈曼旗、宁城
	西北区	新疆伊犁、阿克苏、喀什，陕西铜川、白水、洛川，甘肃天水，青海循化、化隆、尖扎、贵德、民和、乐都，黄龙山区、秦岭山区
	渤海湾区	辽宁大连、普兰店、瓦房店、盖州、营口、葫芦岛、锦州，山东胶东半岛、临沂、潍坊、德州，河北张家口、承德、唐山，北京海淀、密云、昌平
	中部区	河南、江苏、安徽等省的黄河故道地区，秦岭北麓渭河两岸的河南西部、湖北西北部、山西南部
	西南高地区	四川阿坝、甘孜、凤县、茂县、小金、理县、康定、巴塘，云南昭通、宣威、红河、文山，贵州威宁、毕节，西藏昌都、加查、朗县、米林、林芝、墨脱等地
葡萄	冷凉区	甘肃河西走廊中西部，晋北，内蒙古土默川平原，东北中北部及通化地区
	凉温区	河北桑洋河谷盆地，内蒙古西辽河平原，山西晋中、太古，甘肃河西走廊、武威地区，辽宁沈阳、鞍山地区
	中温区	内蒙古乌海地区，甘肃敦煌地区，辽南、辽西及河北昌黎地区，山东青岛、烟台地区，山西清徐地区
	暖温区	新疆哈密盆地，关中盆地及晋南运城地区，河北中部和南部
	炎热区	新疆吐鲁番盆地、和田地区、伊犁地区、喀什地区，黄河故道地区
	湿热区	湖南怀化地区，福建福安地区

附录二
各省（自治区、直辖市）主要调查树种

区划	省（自治区、直辖市）	主要落叶果树树种
华北	北京	苹果、梨、葡萄、杏、枣、桃、柿、李
	天津	板栗、李、杏、核桃
	河北	苹果、梨、枣、桃、核桃、山楂、葡萄、李、柿、板栗、樱桃
	山西	苹果、梨、枣、杏、葡萄、山楂、核桃、李、柿
	内蒙古	苹果、枣、李、葡萄
东北	辽宁	苹果、山楂、葡萄、枣、李、桃
	吉林	苹果、板栗、李、猕猴桃、桃
	黑龙江	苹果、板栗、李、桃
华东	上海	桃、李、樱桃
	江苏	桃、李、樱桃、梨、杏、枣、石榴、柿、板栗
	浙江	柿、梨、桃、枣、李、板栗
	安徽	梨、桃、石榴、樱桃、李、柿、板栗
	福建	葡萄、樱桃、李、柿子、桃、板栗
	江西	柿、梨、桃、李、猕猴桃、杏、板栗、樱桃
	山东	苹果、杏、梨、葡萄、枣、石榴、山楂、李、桃、板栗
华中	河南	枣、柿、梨、杏、葡萄、桃、板栗、核桃、山楂、樱桃、李
	湖北	樱桃、柿、李、猕猴桃、杏树、桃、板栗
	湖南	柿、樱桃、李、猕猴桃、桃、板栗
华南	广东	柿、李、杏、猕猴桃
	广西	樱桃、李、杏、猕猴桃
西南	重庆	梨、苹果、猕猴桃、石榴、板栗
	四川	梨、苹果、猕猴桃、石榴、桃、板栗、樱桃
	贵州	李、杏、猕猴桃、桃、板栗
	云南	石榴、李、杏、猕猴桃、桃、板栗
	西藏	苹果、桃、李、杏、猕猴桃、石榴
西北	陕西	苹果、杏、枣、梨、柿、石榴、桃、葡萄、樱桃、李、板栗
	甘肃	苹果、梨、桃、葡萄、枣、杏、柿、李、板栗
	青海	苹果、梨、核桃、桃、杏、枣
	宁夏	苹果、梨、枣、杏、葡萄、李、板栗
	新疆	葡萄、核桃、梨、桃、杏、石榴、李

附录三
工作路线

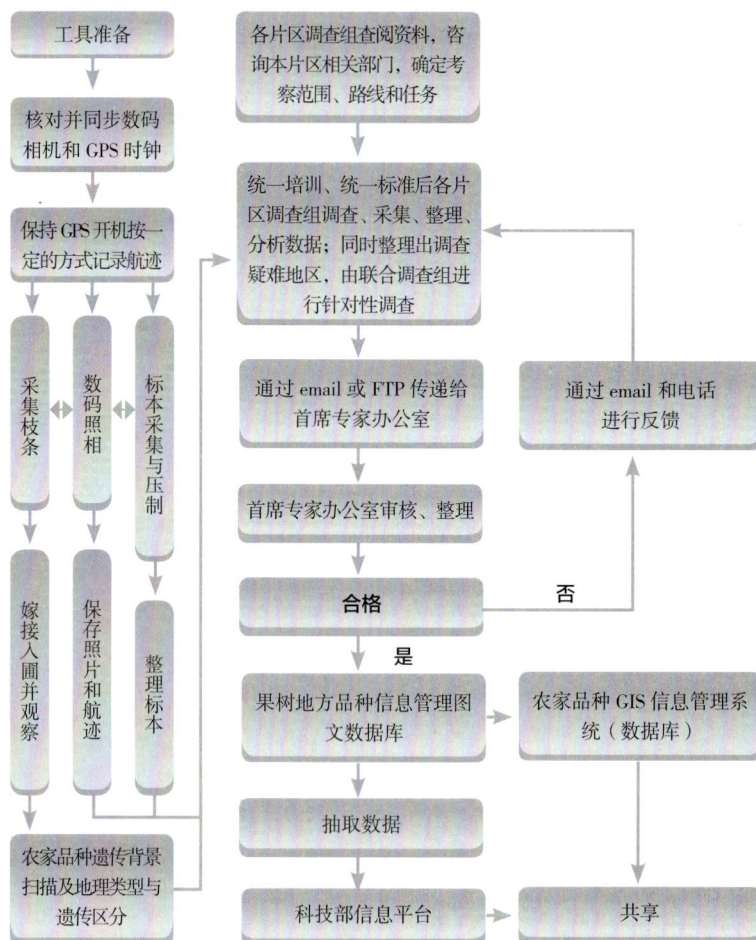

工具准备

核对并同步数码相机和 GPS 时钟

保持 GPS 开机按一定的方式记录航迹

采集枝条 ↔ 数码照相 ↔ 标本采集与压制

嫁接入圃并观察

保存照片和航迹

整理标本

农家品种遗传背景扫描及地理类型与遗传区分

各片区调查组查阅资料,咨询本片区相关部门,确定考察范围、路线和任务

统一培训、统一标准后各片区调查组调查、采集、整理、分析数据;同时整理出调查疑难地区,由联合调查组进行针对性调查

通过 email 或 FTP 传递给首席专家办公室

通过 email 和电话进行反馈

首席专家办公室审核、整理

合格   否   是

果树地方品种信息管理图文数据库

农家品种 GIS 信息管理系统(数据库)

抽取数据

科技部信息平台

共享

附录四
工作流程

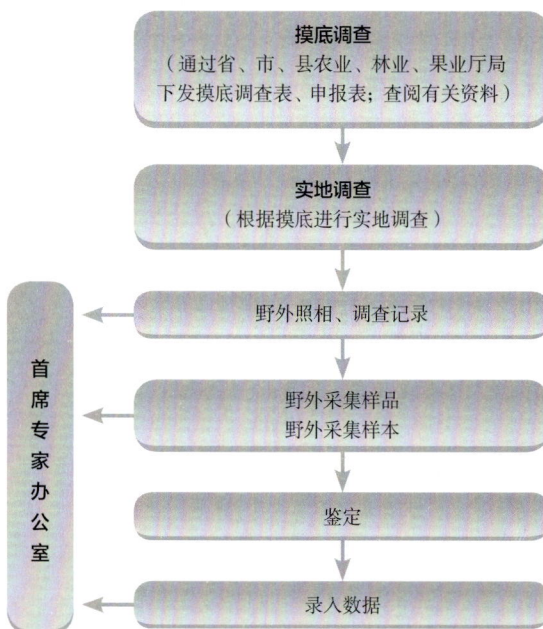

首席专家办公室

摸底调查
(通过省、市、县农业、林业、果业厅局下发摸底调查表、申报表;查阅有关资料)

实地调查
(根据摸底进行实地调查)

野外照相、调查记录

野外采集样品
野外采集样本

鉴定

录入数据

桃品种中文名索引

桃品种调查编号索引